传家·知识

让青少年受益一生的

心理学知识

褚泽泰　编著

北京出版集团
北京出版社

图书在版编目(CIP)数据

让青少年受益一生的心理学知识 / 褚泽泰编著 . —
北京 : 北京出版社,2014.1
(传家·知识)
ISBN 978 - 7 - 200 - 10272 - 7

Ⅰ . ①让… Ⅱ . ①褚… Ⅲ . ①心理学—青年读物②心
理学—少年读物 Ⅳ . ①B84 - 49

中国版本图书馆 CIP 数据核字(2013)第 281009 号

传家·知识
让青少年受益一生的心理学知识
RANG QING-SHAONIAN SHOUYI YISHENG DE XINLIXUE ZHISHI
褚泽泰　编著

*

北 京 出 版 集 团 出版
北 京 出 版 社
(北京北三环中路 6 号)
邮政编码:100120

网　　址 : www . bph . com . cn
北 京 出 版 集 团 总 发 行
新 华 书 店 经 销
三河市同力彩印有限公司印刷

*

787 毫米×1092 毫米　16 开本　12 印张　170 千字
2014 年 1 月第 1 版　2023 年 2 月第 4 次印刷
ISBN 978 - 7 - 200 - 10272 - 7
定价 : 32.00 元
如有印装质量问题,由本社负责调换
质量监督电话 : 010 - 58572393
责任编辑电话 : 010 - 58572775

前 言

一个小孩在看完马戏团精彩的表演后，随着父亲到帐篷外拿干草喂表演完的动物。

小孩注意到一旁的大象群，问父亲："爸，大象那么有力气，为什么它们的脚上只系着一条细细的铁链，难道它无法挣开那条铁链逃脱吗？"

父亲笑了笑，耐心地为孩子解释："没错，大象是挣不开那条细细的铁链的。在大象小的时候，驯兽师就是用同样的铁链来系住小象的。那时候的小象，力气还不够大，它起初也想挣开铁链的束缚，可是试过几次之后，知道自己的力气不足以挣开铁链，也就放弃了挣脱的念头。等小象长成大象后，它就甘心受那条铁链的限制，而不再想逃脱了。"

在大象成长的过程中，人类聪明地利用一条铁链限制了它，虽然那样的铁链根本系不住有力的大象。在我们成长的环境中，是否也有许多肉眼看不见的铁链在拴着我们？而我们也自然将这些链条当成习惯，视为理所当然。于是，我们独特的创意被自己抹杀，认为自己无法成功致富。我们告诉自己，难以成为配偶心目中理想的另一半，无法成为孩子心目中理想的父母、父母心目中理想的孩子。然后，我们开始向环境低头，甚至开始认命、怨天尤人。

这个故事，其实说的就是一种心理学现象——心理暗示。

在这个纷繁复杂的世界，很多事情我们习以为常，很多想法或疑惑萦绕心头，但我们不了解真相。大多时候，我们不是命运的囚犯，而是心灵的囚犯。因为我们没有意识到操控着人类的神奇力量——我们的心理！

2001年春节联欢晚会上，赵本山、范伟等人演出的小品《卖拐》令人捧腹不已，其寓意主要是讽刺那些坑人的奸商。而最让人啼笑皆非的是范伟饰演的那位买拐者，他在卖拐者逐步的心理暗示下产生错觉，认为自己的腿有毛病，最后买下了那副拐。人们笑他愚得可悲、愚得可怜，就像人们常说的："让人卖了，还替人家点钱呢！"但这样的愚者，是否"纯属虚构"？事实上，在商家的虚假宣传中，上当受骗者甚多。上当者是不是都很愚蠢、智商都很低呢？也不尽然，不少人在各方面还是很精明的，但在心理暗示的作用下也常有"马失前蹄"的时候。

心理暗示每天都在不同程度地影响着我们的生活。比如，你可能有过这样的经历：一道新荤卜来，尝一尝并没有觉得有什么特殊滋味，等主人详细介绍之后，你才渐渐体会到菜的新奇和特殊。

美国著名作家、商界知名人士查尔斯·哈奈尔曾说过："我们生活在一个可塑的、深不可测的精神物质海洋之中。"在这个精神物质的海洋里，我们每个人都能感受到一种神奇而强大的力量，它支配我们的行动，时而带给我们喜悦，时而带给我们忧愁，时而带给我们深深的疑惑……所谓心理学，用一句带点哲学意味的话来说，就是当人类的意识返回到自身，用智慧的解剖刀解剖自己内心世界的一种科学。

说起心理学，很多人都觉得它神秘莫测。人们会想起许多所谓诡异的东西来试图勾勒心理学的大概模样：魔术？算命？意念控制？对于绝大多数人而言，它是一门看不见、摸不着的学科，离自己的生活很遥远。但实际上，心理学知识是我们每时每刻都在体验着的，是人类生活和生存必需的。

《让青少年受益一生的心理学知识》运用心理学原理，结合实际生活案例，将与青少年日常生活联系最为紧密的心理学知识一一进行列举，并针对为人处世中可能遇到的各种心理现象进行了详尽的分析，提供了多种操作简便的解决思路与方法，帮助青少年读者了解人际关系现象背后的深层心理原因。本书集知识、趣味于一体，通俗易懂，又不失准确深刻，愿能带领青少年朋友步入心理学的圣殿，从而使青少年朋友能轻松应对学习、生活、社交等各方面遇到的难题。

目　录

第一章

感觉：刺激物进入神经系统的"通道"

"珍珠翡翠白玉汤"为何变了味

朱元璋在当了明朝的开国皇帝后，每天的山珍海味、美酒佳肴，让他感到很腻味。有一次他回想起当年当和尚时，云游病倒在破庙里，肚饥口干，一位讨饭婆子给他喝了一碗汤，鲜美无比。现在他多想再尝尝那个味道啊！

于是，皇后传旨找来当年做汤的讨饭婆子，照当年原样，用剩饭、剩菜、黑锅巴、白菜帮煮了一碗汤。朱元璋一看，竟是残羹剩饭，正要发作，但认出的确是当年的讨饭婆子，觉得毕竟是按自己的命令做的，怎能发火？就舀了一匙送进嘴里，咸、酸、苦、辣、焦、煳、馊、臭样样味道都有，就是没有香和鲜。但为了顾全面子，他只得强忍着喝了下去，然后，佯装笑脸说："真是'珍珠翡翠白玉汤'，好喝！好喝！"

朱元璋当年流落他乡，饥渴交加，一碗残羹剩饭对他来说也是美味，以致终生不忘；当了皇帝以后，天天吃山珍海味，味觉已经逐渐适应，所以觉得乏味。这种现象是典型的心理学上的感觉适应。在同一刺激物对感觉器官的持续作用下，感官的感受性会发生变化。常见的感觉适应有味觉适应、嗅觉适应、视觉适应、听觉适应等。生活中，味觉的适应现象很常见。皇帝吃山珍海味不觉得香，同老病号不觉得药汤子苦、小孩子不觉得糖甜一样，是一种味觉适应现象。

生活中，你可能会有这样的感受，去别人家中，你可能觉得他家有一种特殊的气味，于是，你问主人：你们家怎么有一种××味？主人可能会有些惊讶，因为他并没有注意到家里有一股××味，这是由于他在自己家里待久了，对其中的气味已经习惯了，所以就闻不出来了。这就是嗅觉的适应。古人说的"入芝兰之室，久而不闻其香；入鲍鱼之肆，久而不闻其臭"就是这个道理。

人们对各种感觉的适应速度和程度是不一样的。视觉的适应可分为暗适应和光适应。从明亮的阳光下进入已灭灯的电影院时，开始什么也看不清楚，隔了一段时间，就能分辨出物体的轮廓了，这种现象叫暗适应。暗适应是环境刺激由强向弱过渡时，由于一系列相同的弱光刺激，导致对后续的弱光刺激感受性的不断提高：开始的 5~7 分钟，感受性提高得很快；经过 1 个小时后，相对感受性可提高 20 万倍。

当从黑暗的电影院走到外面的阳光下，开始会感到耀眼发眩，什么都看不清楚，但是过了几秒钟，就能看清楚周围的事物了，这种现象叫光适应。光适应是环境刺激由弱向强过渡时，由于一系列的强光刺激，导致对后续的强光刺激感受性的迅速降低。

与视觉的适应相比较，听觉的适应就不太明显了，除非用较强的连续的声音才会引起听觉适应。像工厂高音调的机器声，持续作用于人，就会引起听觉感受性降低的适应现象，甚至会导致听觉感受性的明显丧失。

触压觉的适应则很明显。我们安静地坐着时，几乎感觉不到衣服的接触和压力，比如我们经常看到，有的老年人把眼镜移到自己的额头上，却到处寻找他的眼镜。实验证明，只要经过 3 秒钟左右，触压觉的感受性就会下降到原始值的 25% 左右。

温度觉的适应也很明显。例如，当我们游泳的时候，刚下水时觉得水很冷，经过三四分钟后，就不再觉得水冷了。相反，我们在热水中洗澡的时候，起初觉得水很热，但经过三四分钟后，就觉得澡盆中的水不那么热了。但是，人们对于特别冷或特别热的刺激比较敏感，一般不会形成感觉适应。

痛觉的适应是很难发生的，即使有，也非常微弱。只要注意力一集中到痛处，我们马上就会感到疼痛。正因为痛觉很难适应，它才成为伤害性刺激的信号，并具有生物学的意义。

而嗅觉的适应速度，以刺激的性质为转移。一般的气味经过 1~2 分钟即可适应，强烈的气味则要经过 10 多分钟，特别强烈的气味（带有痛刺激的气味）令人厌恶，难以适应，甚至完全不能适应。嗅觉的适应带有选择性，即对某种气味适应后，并不影响对其他气味的感受性。

味觉的适应一般表现为味觉感受性的降低，完全的味觉适应则表现为味觉的消失。味觉的适应速度与物质的浓度成正比，浓度越低，适应越快。味觉有交叉适应现象，即对一种物质的适应会影响对其他物质的适应。一般说来，味觉适应比较明显，但不同物质的适应时间和恢复速度是不同的。如对蔗糖的适应和恢复较慢，对食盐的适应和恢复较快。

感觉适应能力是人类在长期进化过程中形成的，它对于我们感知外界事物、调节自己的行为具有积极的意义。在夜晚的星光下和白天的阳光下，亮度相差达百万倍，如果没有适应能力，人就不能在不断变化的环境中精细地感知外界事物，正确地调节自己的行为。

研究适应现象对生产实践也有重要意义。比如，在交通运输业中，夜晚驾驶室的照明与外界亮度的差异的处理，就应考虑视觉的适应问题。还有，如果教室里采光条件差，学生进入教室后就要用较长的时间适应暗光，这样既有损学生的视力，也会影响教学效果。

水墨画中为何出现"皎洁"的月亮

在晚间看书时，你不妨做一个实验，即用你的双眼注视远处的灯光，同时用书本作为你眼前的屏幕，上下迅速移动你的目光，这时你会发现，你所看见的远处的灯光，并不会因为眼前书本的隔离而有间断的感觉。你也可以在夜晚熄灯前做这样的实验，将房间的灯快速开关一次，在熄灯的短暂时间里，你的视觉中仍然留存着灯亮时的形象。这种视觉刺激虽然消失了，但感觉仍然暂时留存的现象，就称为视觉后像（或视觉暂留）。

当两种不同颜色或不同明度的物体并列或相继出现时，我们的视觉会与物体以单一颜色或单一亮度独立出现时不同，即无色彩时的视觉对比会引起明度感觉的变化；有色彩时的视觉对比则会引起颜色感觉的变化。感觉颜色向背景颜色的互补色变化，这就是视觉对比。比如，在绿色背景上放一灰色方块，双眼注视这一方块时会觉得方块带上了红色调。

想象一下，你面前有一幅中国水墨画，画上那轮皎洁的明月是多么逼真啊！实际上，画上只是用淡墨在月亮的周围绘出了夜空的阴影，良好的艺术效果，是由于利用了我们眼睛的侧抑制作用的结果。画上的月亮的亮度，与稍远一些地方的夜空是一样的，但在我们的眼睛看来，感觉它十分明亮，而夜空又很黑暗。其实这是一种特殊的视觉现象——马赫带现象，即在明暗变化的边界上，常常在亮区看到一条更亮的光带，在暗区则看到一条更暗的线条。

在日常生活中，只要我们留心，经常可以观察到马赫带现象。比如，当我们凝视窗棂的时候，会觉得在木条两侧，分别镶上了一条明亮和浓黑的线，即在窗户纸这边出现一条更明亮的线条，在木条那边出现一条更暗的线条。在观察影子的时候，在轮廓线的两侧也会看到马赫带现象，暗的地方更暗，亮的地方更亮。

此外，在看东西时，我们常会遇到"盲点"。盲点指的是在视网膜上无法产生任何视觉的地方。视网膜上有一处最不敏感的区域，叫作视盘，视盘上没有任何感光细胞，光线投射在上面，不能产生视觉冲动，当然就没有视觉经验，故生理学上称之为盲点。

盲点虽被称作"点"，实际是一个区域，每只眼睛都有这样一个没有感光细胞的小区。我们的眼睛既然有这一缺陷，那么我们看东西时岂不是会出现一个个空白？其实并不会这样，因为我们的身体会对它作出补偿。补偿之一是我们通常用双眼视物，双眼的视野部分重叠，一只眼睛看不见的地方，另一只眼睛却看得见。

盲点虽然真实地存在于每个人的眼中，我们却感觉不到它的存在，对我们的生活也不会带来什么不便。

当感觉被剥夺时，人类会怎样

感觉对人而言非常重要，人类一旦失去感觉，后果将不堪设想。对于一个正常人来说，没有感觉的生活是不可忍受的。没有刺激、没有感觉，人不仅不会产生新的认识，而且不能维持正常的心理生活。

感觉是我们认识客观世界一切知识的源泉。如果一个人丧失了全部感觉能力，那他就不可能产生认识，更不可能产生情感和意志。感觉的发展在人的智力培养中也起着重要作用，从某种意义上说，没有感觉器官的充分训练和经常运用，就不会有学习和教育，不会有认识能力的发展。

许多心理学家以"感觉剥夺"实验论证了感觉对于我们维持正常的身心机能是十分必要的。

第一个感觉剥夺实验的研究工作，是由加拿大麦吉尔大学的心理学家赫布和贝克斯顿在 1954 年进行的。他们征募了一些大学生为被试对象，这些大学生每忍受一天的感觉剥夺，就可以获得 20 美元的报酬。当时大学生打工的收入一般是每小时 50 美分，因此一天可以得到 20 美元对当时的大学生来说可以算是一笔不小的收入了。而且在实验中，大学生的工作好像是一次愉快的享受，因为实验者要他们做的只是每天 24 小时躺在有光的小房间里的一张极其舒服的床上，只要被试者愿意，就可以躺在那儿白拿钱。

在实验的过程中，给被试者吃饭的时间、上厕所的时间，但除此之外，严格地控制被试者的任何感觉输入。为此，实验者给每一位被试者戴上了半透明的塑料眼罩，可以透进散射光，但图形视觉被阻止了；被试者的手和胳膊被套上了用纸板做的袖套和手套，以限制他们的触觉；同时，小房间中一直充斥着单调的空调的嗡嗡声，以此来限制被试者的听觉。

参加实验的大学生们，本以为实验为他们提供了一次安安心心睡上一大觉的机会，正好可以利用感觉被剥夺后的清静安宁，思考学业或整理毕业论文的思路。但不久他们就发现，他们的思维变得混乱无章，忍受不了几天就不得不要求立刻离开感觉剥夺的实验室，放弃每天 20 美元的报酬。

实验后，学生们报告说，他们对任何事情都无法进行清晰的思索，哪怕是在很短的时间内；他们感觉自己的思维活动好像是"跳来跳去"的，连贯地集中注意力都十分困难，并且无法拥有连贯的思维，甚至在剥夺实验过后的一段时期内，这种状况仍持续存在，无法进入正常的学习状态。还有部分被试者报告说，在感觉剥夺中体验到了幻觉，而且他们的幻觉大多是很简单的，比如有闪烁的光，有忽隐忽现的光，有昏暗但灼热的光。只有少数被试者报告说，体验到了较为复杂的幻觉，比如曾有一个被试者报告说，他"看到"电视屏幕出现在眼前，他努力尝试着去阅读上面放映出的不清楚的信息，但怎么也"看"不清。

自此后，许多学者研究出了多种形式的感觉剥夺实验研究方法，所有的实验都显示，在感觉被剥夺的情况下，人会出现情绪紧张、忧郁、记忆力减退、判断力下降等现象，甚至出现各种幻觉、妄想，最后难以忍受，不得不要求立即停止实验，恢复到有丰富感觉刺激的生活中去。可见，丰富的感觉刺激对维持我们的生理、心理功能的正常状态是非常必需的，人们需要在日常生活中接受各种各样的刺激，以及由此产生相应的感觉。

第二章

知觉：一斤铁与一斤棉花哪个更重

拇指竟能遮住帝国大厦

我们所处的环境中充满了光波和声波，但那不是我们体验世界的方式。你看到的不是光波，而是墙上的海报；你听到的不是声波，而是广播中的音乐。感觉只是"演出"的开始，还需要更多的东西才能使刺激变得有意义、有趣，而最重要的是你能作出有效的反应。知觉是一系列组织并解释外界客体和事件产生的感觉信息的加工过程。这些加工过程提供额外的解释，成功地为你在环境中导航。

一个简单的例子可以帮助你思考感觉和知觉的关系。把一只手放到面前尽可能远的地方，然后把手移近面孔。当手向面孔靠近时，它在你的视野中占据的面积越来越大，这时你可能无法看到被手遮住的大楼。手是如何遮住大楼的？手变大了吗？大楼变小了吗？你的回答肯定是"当然不是"。这个例子告诉我们一些感觉和知觉的差别。你的手能够遮住大楼，是因为当手离面孔越来越近时，手投射到视网膜上的像越来越大。是你的知觉加工使你懂得，尽管手投射到视网膜上的像在变化，但你的手和大楼的实际大小是不变的。

可以说，知觉的作用是使得感觉有意义。知觉加工从连续变化并且经常是没有秩序的感觉输入中，提取信息并把它们组织成稳定且有序的知觉。

知觉以感觉为基础，但它不是个别感觉信息的简单总和。例如，我们看到一个三角形，它的组成是三条直线。但是，把对三条直线的感觉相加在一起，知觉不是得到一个三角形。知觉是按一定方式来整合个别的感觉信息，形成一定的结构，并根据个体的经验来解释由感觉提供的信息，它比个别感觉的简单相加要复杂得多。我们日常看到的不是个别的光点、色调或线段。

知觉作为一种活动、过程，包含了互相联系的几种作用：觉察、分辨和确认。觉察是指发现事物的存在，而不知道它是什么。例如，我们在校园内的马路上散步，忽然发现路旁有一个闪闪发亮的东西。这时我们只是觉察到一个物体的存在，还不知道它是什么。分辨是把一个事物或其属性，与另一个事物或其属性区别开来。确认是指人们利用已有的知识、经验和当前获得的信息，确定知觉的对象是什么，给它命名，并把它纳入一定的范畴。例如，当我们走近路旁那个闪闪发亮的东西，经过仔细观看和摆弄之后，看清了它的形状是圆的，它光亮的表面能反映出我们面部的形象……从而把它与其他事物区分开来，并断定它是一面镜子，这就是分辨和确认。在知觉过程中，人对事物的觉察、分辨和确认的阈值是不一样的。如果说人们比较容易觉察一个物体是否存在，那么要确认这个物体就要困难得多，需要的加工时间也更长。

知觉和感觉一样，是对客观事物具体形象的直接反映，仍属于感性的认识形式。

人们在社会实践中积累的知识和经验，对知觉的形成有独特的作用。实践是知觉的基础，人们在社会实践中产生反映客观事物的各种感觉，由此才能获得反映事物整体形象的知觉。一般来说，客观事物作用于人的感觉是多方面的和零碎的，因此，人们对事物的整体反映总是要借助于已有的知识和经验。如果对某事物没有一定的知识和经验，那就不可能对该事物立即产生整体的感性形象的反映。

知觉是感觉和思维之间的一个重要环节，它对感觉材料进行加工，为思维准备必要的条件。

下面这则寓言故事反映了狐狸的知觉，在只看到葡萄的情况下，两次对葡萄的味道作出了判断。

葡萄架上，绿叶成荫，挂着一串串沉甸甸的葡萄，紫的像玛瑙，绿的像翡翠，上面还有一层薄薄的粉霜呢！望着这熟透了的葡萄，谁不想摘一串尝尝呢？

从早上到现在，狐狸一点儿东西都没吃呢，肚皮早饿得瘪瘪的了。它走到葡萄架下，看到这诱人的熟葡萄，口水都流出来啦！可葡萄太高了，够不着。

怎么办？对！跳起来不就行了吗？狐狸向后退了几步，憋足了劲儿，猛然跳起来。可惜，只差半尺就够着了。

再来一次！唉，越来越不行，差得更多，起码有一尺！再跳第三次？狐狸实在饿得没劲儿，跳不动了！一阵风吹来，葡萄的绿叶"沙沙"作响，飘下来一片枯叶。狐狸想：要是掉下一串葡萄来就好了！它仰着脖子，等了一阵，毫无希望，那几串葡萄挂在架上，看起来牢固得很呢！"唉——"狐狸叹了口气。忽然，它笑了起来，安慰自己说："那葡萄是生的，又酸又涩，吃到嘴里难受死了，不呕吐才怪呢！哼，这种酸葡萄，送给我，我也不吃！"

于是，狐狸饿着肚皮，高高兴兴地走了。

人对于客观事物能够迅速获得清晰的感知，这与知觉所具有的基本特性是分不开的。

"左看右看上看下看"都一样

　　我们周围的世界在不停地变化着，它向我们的知觉系统输送的刺激信息也在不停地改变。我们看到的物体有时离我们近，有时离我们远；有时在我们正前方，有时在我们的两侧；有时处在阳光下，有时又处在阴影中。在这种不断变化的条件下，人如何保持对物体的正确知觉呢？幸运的是，自然选择给予了人的知觉系统一种重要的特性，即知觉恒常性。知觉恒常性是指当知觉的客观条件在一定范围内改变时，我们的知觉映象在相当程度上却保持着它的稳定性。它是人们知觉客观事物的一个重要特性。

　　在日常生活中，我们常见的知觉恒常性有：

　　1. 形状恒常性

　　当我们从不同角度观察同一物体时，物体在视网膜上投射的形状是不断变化的，但是，我们知觉到的物体形状没有显出很大的变化，这就是知觉的形状恒常性。比如，一扇门在我们面前打开，落在我们视网膜上的影像会随之发生一系列的变化，但我们始终把这扇门知觉成长方形的。

　　使我们的知觉保持形状恒常的重要线索，是有关深度知觉的信息，比如倾斜、结构等，如果这些深度知觉的线索消失了，我们对物体形状的知觉也就不能保持恒定不变了。

　　2. 大小恒常性

　　同一个物体在我们视网膜上的影像大小，会随着物体距离我们的远近而发生改变：近大远小，这是以视觉感受器为基础的视觉现象。但是，我们在判断该物体的大小时，不纯粹以视网膜上的影像大小为依据，而是把它知觉成大小恒定不变的，这就是知觉的大小恒常性。比如，我们看着面前的小孩子，同时看着远处的一个大人，大人在我们视网膜上的影像要比小孩的小得多，但是在知觉中，我们仍然判断大人高、小孩矮。

3. 亮度恒常性

亮度恒常性是指照射物体的光线强度发生了改变，但我们对物体的亮度知觉仍保持不变的知觉现象。决定亮度恒常性的重要因素，是物体反射出的光的强度和从背景反射出的光的强度的比例，只要这个比例保持不变，就可保证对物体的亮度知觉保持恒定不变。比如，两张白纸，不管是在阳光下，还是在阴影中，它们都互为背景和对象，对光的反射比例始终保持不变，因而我们对亮度的知觉也就保持了恒常性。

4. 颜色恒常性

一个红苹果，在不同波长光的照射下，所反射出的光的光谱组成也一定是不同的，因而它的颜色必定是变化的，但是，我们仍然把它知觉成红色。这种不因物体所处环境改变，而仍然保持对物体颜色知觉恒定的心理倾向，就是知觉的颜色恒常性。

恒常性对于人们的正常生活和工作有重要意义。如果人们的知觉随着客观条件的变化而时刻变化，那么要获得任何确定的知识都是不可能的。研究恒常性不仅有助于建筑、艺术等实践方面的工作，而且有助于现代计算机技术的发展。现代的机器人有"视觉"可以看，有"听觉"可以听，但它没有知觉的恒常性。因此，当观察条件明显变化时，机器人就难以执行自己原来的任务。如果我们能够把人和动物具有的知觉恒常性赋予机器人，那么计算机将会发挥更大的作用。

魔术为什么能"欺骗"观众的眼睛

自魔术大师刘谦在春晚上大显魔术身手之后，无数观众对其如痴如醉，而且都希望能够掀开刘谦魔术的神秘面纱。如此强大的影响力，不禁让我们自问，魔术表演为什么能使人们如此好奇呢？

事实上，所谓"魔术"，不过是魔术师利用高明的手法及障眼法，对人们在现实生活中办不到，或实现不了的事物进行神速变化，从而实现视觉真实感应，让人们对"魔术"产生无比震惊的感观和对生活无限美好的幻想与向往。

你是否还记得，刘谦与董卿合作表演的"心灵魔术"。在表演前，刘谦问董卿："你是不是托儿?"董卿很严肃地说："保证不是。"之后，刘谦表演了通过"脑电波"让纸牌现形的魔术。在他表演的过程中，有的观众发现了小破绽：刘谦右手的指头在动，好像是在隔着玻璃画圈；也有观众指出刘谦自己切牌，早知道董卿拿的是圆圈牌，他所谓的点上墨水的牌，其实是隐形的圆圈牌，最后纸上的试剂起的化学反应显现了出来。看到大家都爱揭秘他的魔术，刘谦干脆在现场自我揭底"障眼法"，他在一个纸袋中变出一杯啤酒时，故意露出了纸袋背后事先就开好的大口子。他说，第一次表演这个魔术时不小心让观众看到了这个口子，之后经过无数次练习，才练成了现在这双"魔手"。

还有超级魔术师大卫的"锯人"表演，也是大同小异。大卫在表演时，让他的助手们把一个长方形木箱抬到一张桌子上。箱子的上面和四周均可打开，向观众交代以后，一位女助手躺进箱子，将头和脚露在箱子两端的小孔外面。于是，大卫拿起锯子，把箱子连同女助手一锯为二，在锯缝中再插入两块板。现在可使箱子的两部分互相脱离了，观众们看到女助手的脚在动、脸在笑。知道为什么吗？原来，参与表演的有两名女助手，第二名助手事先早就躺在桌子里面了。这位人们看不见的女助手，可通过箱子底部的翻板把腿伸进箱子，使脚露在箱外，而当着观众的面进入箱子的女助手把腿屈了起来。

美国心理学家在 1999 年曾进行了一个著名的实验，这个实验对于我们理解魔术大有帮助。

研究人员找了许多被试者，让他们为某三人篮球队队员间的传球计数。计数开始后，研究者又让一个穿着大猩猩服装的人从那些被试者眼前走过。

谁料，当那些被试者专心数数的时候，半数人都没有注意到那只"大猩猩"走过球场，甚至在场中央停留了一会儿拍他的胸脯。

这一现象在心理学中被称作"无意目盲"。心理学家发现，人类会本能地注意到新的刺激，但注意的能力或资源是有限的，当这一资源耗尽时，新的刺激就不能被注意了。上述实验中，由于参与者全神贯注地注意那些运动员，竟然忽视了如此怪异的大猩猩演员。

显然，魔术师非常懂得利用观众的"无意目盲"，也可以看作扰乱观众观察的障眼法。在魔术表演中，观众被魔术师精彩的表演吸引着，不断变化着自己的注视点，此时魔术师再通过动作和现场音效与灯光配合，将需要遮盖的戏法放在观众知觉能力降低的时段来进行，完全是利用了观众的知觉弱点。

现在，你应该明白为什么魔术能"欺骗"我们的眼睛了吧。

第三章

意识："视而不见、听而不闻"原因何在

心理学的鸡尾酒会现象

假如你去参加一场热闹的鸡尾酒会（或其他大型聚会），你所接触或者注意到的人通常只有一小部分。对于这部分人，你也许有清晰的意识，而对于其他更多的来宾，你可能不会留下清楚的意识。这就是心理学的鸡尾酒会现象。

意识是一个包含多种概念的集合名词，普通心理学上的定义是指人类以感觉、知觉、记忆和思维等心理活动，对自身的状态与外界环境变化的综合察觉。就心理状态而言，"意识"意味着清醒、警觉、注意力集中等。就心理内容而言，"意识"包括可用语言报告出的一些东西，如对幸福的体验、对周围环境的知觉、对往事的回忆等。在行为水平上，"意识"意味着受意愿支配的动作或活动，与自动化的动作相反。例如，早晨起床后，在选择穿哪一件衣服时，是受意识支配的，而穿衣的动作通常是自动化的，不受意识的控制。

人的意识存在各种意识状态，有自然发生的，比如，睡眠和梦；也有人为的，比如，静坐和催眠状态下的意识，醉酒后飘飘然的感觉，或服用迷幻药物产生的幻觉意识等。意识至今仍是人类的一大谜团，我们期待心理学家有更大的发现。

意识是有一定的局限性的，我们不可能意识到所有作用于我们感觉器官的事物和刺激。例如，我们看不见波长超过一定范围的光，也听不见频率低于特定范围的声音。意识的局限性通常是由我们的感觉器官的特性决定的。另一方面，当人们专注于一件事情时，通常对其他事情视而不见。在同一时间可以进入意识的信息量是有限的，意识很难在同一时间容纳过多的东西。

除了局限性，意识还有以下几个特性。

1. 丰富性和深刻性

丰富性是指意识的广度,即它能超越时间、打破空间的限制,与广阔无垠、丰富多彩的信息相联系。深刻性是指意识的深度,即它能反映事物的内在联系和本质特点,能掌握客观事物的发展规律。这两个特征是与人掌握语言密切联系的。

被誉为"当代爱因斯坦"的霍金,手脚不能动,口不能言,但霍金的意识是极其丰富的、深刻的。

1975年,霍金以数学计算的方法,证明黑洞由于质量巨大,进入其边界的,即所谓"活动水平线"的物质都会被其吞噬而永远无法逃逸。黑洞形成后,就开始向外辐射能量,最终将因为质量丢失而消失。2004年7月,霍金向学术界宣布了他对黑洞研究的成果。他认为,黑洞不会将进入其边界的物体的信息淹没,反而会将这些信息"撕碎"后释放出去。

我们见不到黑洞,但霍金的意识打破了空间的限制,并揭示了宇宙的规律,这就是意识的深刻性和丰富性。

2. 能动性和创造性

意识能动性是指人们能把自己的目的和意志强加于客体,从而去利用它、支配它、控制它。创造性是指人们能按照事物的发展规律与自己的目的意图,创造出前所未有的并具有一定社会意义的新奇事物。有人曾说:"人的意识不仅反映客观世界,而且创造客观世界。"这句话明确地指出了意识的这两种特征。

有一次,富兰克林发现了莱顿瓶的放电现象。莱顿瓶所释放的电量让他感到惊讶,于是他决定在风雨雷电夜做个实验。

尽管此时的富兰克林不是不明白这样做的巨大危险,但追求真理、造福人类的远大目标,使他把自己的生死置之度外。他谢绝了亲朋好友的劝告,坚定不移地实施着自己的计划。

终于有一天,富兰克林带着风筝和一只储电瓶来到野外,将风筝升到空中。当大雨倾盆、电闪雷鸣时,富兰克林掏出一把铜钥匙,系在风筝的末端。突然,一道闪电掠过,一段风筝线松散的纤维向四周直立起来,被一种看不见的力量支撑着。富兰克林感到手中有麻木的感觉，这无疑是带电的现象。为了能进一步确认，他把手靠近了那把铜钥匙，顷刻间钥匙上射出一串火花。富兰克林惊喜地大叫起来："我受电击了！闪电就是电！"

就这样，他冒着生命危险，揭开了雷电的秘密，证实了天上的闪电和地上的电火花或摩擦产生的电的统一性，而不是上帝发怒。这一著名的"风筝实验"震动了全世界。

人的意识行动是和人的目的性相联系的。人根据一定的目的性，积极地改变着客观世界，使自己的活动结果印上意识的烙印，富有一定的创造性。富兰克林坚持在危险情况下做"风筝实验"，就是意识的能动性的体现，并根据"风筝实验"发现了"电"，体现了意识的创造性。

深不可测的海底冰山——潜意识

在日常生活中，我们经常用到"潜意识"这个词语，那么什么是潜意识呢？"潜意识"这个词和弗洛伊德这个名字是分不开的。正是这位人类心灵奥秘的伟大探索者首先发现了人类精神最隐蔽的角落——潜意识，也正是在他的影响下，潜意识逐渐成为心理学、现代哲学长期争论不休的对象。

潜意识到底是什么？弗洛伊德有一个十分形象的比喻，人的心灵，即意识组成，仿佛一座冰山，露出水面的只是其中一小部分，代表意识，而埋藏在水面之下的绝大部分是潜意识。人的言行举止，只有少部分由意识掌握，其他大部分都由潜意识主宰。潜意识主动运作，影响着意识与占水面下一小部分的前意识。

当一个人处于正常的状态下，比较难以窥见潜意识的运作，这时，梦是最好的观察潜意识活动的管道。在罹患精神疾病者身上，潜意识的作用非常尖锐，例如，无法解释的焦虑、违反理性的欲望、超越常情的恐惧、无法控制的强迫性冲动。意识的力量如此微弱，而潜意识的力量像台风一般横扫一切。

潜意识也称无意识，是心理结构的深层领域和最原始的基础，是心理系统最根本的动力。潜意识的存在范围远远超过了意识，除了在特定条件下进入意识领域之外，大部分潜意识的东西便以各种改装的形式，在意识的舞台上露面。

潜意识活动中最主要的是本能冲动，弗洛伊德认为，人的本能冲动来自机体内部的刺激，凡与本能冲动有关的欲望、情感、意向，都是组成潜意识的内容。意识始终处在与潜意识的冲突之中，意识在人的精神生活中虽然有家长的地位，但这种地位是脆弱的、不稳固的，自我意识的统一性和确立性，会由于潜意识的作用而发生分裂。

弗洛伊德认为，人的心理结构是由潜意识、前意识和意识这三个层次构成的。潜意识处于深层，意识处于表层，前意识是表层的储存库，这三个层次组成一个动态心理结构，它们始终处在相互渗透、流动变化之中。如果三者处在协调平衡状态，那么就是正常人的心理结构，具有常态的性质。如果三者处在不平衡的紊乱状态，那么就是非正常人的心理结构，具有变态的性质——变态的极端表现就是歇斯底里的症状。这就是弗洛伊德描述的心理结构的图式。

弗洛伊德认为，潜意识包含人出生后所有的心理成分以及诸种本能，认为在潜意识中存在着各种被压抑的成分，如本能、欲望、情感、意念等。在一定条件下，潜意识中的成分，一部分可进入意识域，另外一部分则永远不能被人们自己知道。潜意识域的成分对人们的行为和思想表现起决定作用。他的这种认识曾被欧美许多学者运用并发展，成为精神分析学说的基本概念。

前意识能够转化成意识，生活中我们经历过很多事情，这些特定的经历和事实，并不是时时刻刻都处于被意识到的状态。当我们一旦需要时，就能突然回忆起来。

意识与前意识在功能上十分接近。目前被加以注意的心理活动，意识到它的存在的时候，它便是意识；而当我们不再注意，意识到的内容就会潜入前意识层面，就不是意识了。因此，意识和前意识在功能上是可以互相转换的。

前意识处于意识层和潜意识层之间，当潜意识中被压抑的本能和欲望想要渗透到意识之中时，前意识担负着"稽查人员"的任务，严密防守，把住关口，不许潜意识的本能和欲望随便侵入意识之中。但是当"稽查人员"失职时，潜意识就会悄悄潜入意识之中。

人的心理活动是一个多水平、多层次、多测度的反应系统。康德认为，潜意识乃是人的精神世界的"半个世界"。其实，潜意识与意识是人的心理活动两个方面对立统一的整体。

一些不符合社会道德标准或者违背个人理智的本能冲动、被压抑的欲望，悄悄地潜伏在我们的意识当中，这就是潜意识。潜意识由各种无声无息地影响着个体行为，却没有被感觉到的思想、观念、欲望等心理活动组成。

　　从一定意义上说，没有潜意识也就没有意识，因为意识是在同潜意识的比较、区别与对立中存在的，意识是以潜意识的存在为前提、基础和条件的。当然，潜意识又是以意识为主导、制约的。总之，潜意识和意识是相互依存，并在一定条件下相互转化的。潜意识和意识的辩证统一构成了人的精神生活的一幅丰富多彩的图画。

　　意识受到客观存在、外部世界的影响，潜意识同样来源于客观现实。个体从一出生就有一些本能反应存在，更多的意识是在成长的过程中培养起来的，在人脑与客观世界长期相互作用的过程中得到发展，受到一定强度外来信息的刺激，并存储在大脑中成为记忆。因此，外部刺激和人脑的发展是潜意识产生的基础。

　　当人第一次受到刺激时，只能作出非条件反射，并在大脑中形成一个兴奋灶。由于大脑先前没有任何信息的存储，即使目前有一个兴奋灶，而没有第二个也不能发生暂时性联系。如半夜走路突遇白骨，突感一时惊恐，这种现象只能发生在曾感受过死人、鬼神恐怖影响的人身上，而从未有过类似经验的幼儿，大脑中就没有对白骨恐惧的记忆，就不可能发生这种由白骨引起的恐惧现象。也就是说，一定量的信息储备是产生联想、产生潜意识的重要条件。

　　通常，一旦接受到某个信息或信号，立即会由形象联想，从种种记忆中调出与其相关的内容。意识把不合事理的内容剔除掉，以符合逻辑的形式牵制住奔放的空想。意识活动根据需要来调动潜意识中的记忆，但在多数情况下，人们是意识不到运用潜意识活动的。

弗洛伊德帮你解梦

俗话说："日有所思，夜有所梦。"刺激是梦的重要成因，许多心理学家指出，梦是对刺激干扰的反应。弗洛伊德在他的《梦的解析》中指出梦的刺激有四种：一是外部感觉刺激；二是内部（主观的）感觉刺激；三是内部（机体的）身体刺激；四是纯粹精神来源的刺激。但是，梦境形成的因素是极为复杂的，是由多种因素造成的。

1. 躯体的外在刺激

外部刺激可以构成梦的材料来源，引人入梦。大家可能都有过这样的经历：若睡眠时头部、胸部衣被过重或手放在胸口，则可能在梦中会感到呼吸困难，易发生梦魇；若红光照射在睡眠者的脸上，则会梦到电闪雷鸣、森林失火等。弗洛伊德认为外界的事物，只要能够"目见"，就有可能引起做梦。但是，这并非是唯一的，身体以外的多种刺激，都有可能进入梦境。在外界的刺激中，声音是躯体外在刺激引起发梦的重要原因之一，声音刺激进入梦境的现象，生活中不乏这样的梦例。

有人在梦中梦见了吹号声，急忙穿衣起床，却发现原来是闹钟在响。

有个人住在一栋建筑对面，有一天夜里，有辆救护车响着警笛呼啸而过，而这个人的梦在那一瞬间转了个方向，把他听到的警笛声也编入了梦中的情节：他有个亲属正在生病，于是他梦见自己正在家里等着救护车的到来。

2. 身体的内部刺激

来自身体内部的刺激被编入梦境，可能很多人有过这样的经历。许多人有过膀胱过度充盈后，梦中到处找厕所的经历，特别是儿童，梦中常常着急解小便，又没有合适的地方，好不容易找到一个地方解完小便，醒后才知道自己尿床了。有的儿童在做过多次这样的梦后，在睡眠中都能知道不能在梦中解小便。曾经有的儿童在梦中解小便，当他了解了这一点以后，突然想到这是遗尿，便会从梦中惊醒。有人在梦中总也找不到厕所，于是会从想排小便的梦中醒来，有人却懒得起来，再次入睡后，寻找厕所的梦会继续。

3. 过去记忆的重现

在我们的梦中，常会出现过去的事情、地方，尤其是儿时的好多事情。对于这些过去的事，有的我们可以回忆起，或者听人说起过，有的却因为确实回忆不起来，而认为根本就没有发生过，因此，常常会感到很奇怪。事实上，这些往事是确实存在的，他们只是被隐藏在了我们记忆中的某个角落，并且常常再现，只不过因为我们的不留意或因无对证、难以证实，才觉得这些梦莫名其妙。其实这些获得性行为的保存和再现，就是记忆，梦中有些事物、情节是隐藏在我们记忆深处的往事，只是我们已经遗忘了。但是这些被我们遗忘的材料成了梦的来源之一。

4. 白天心理活动的继续

"日有所思，夜有所梦。"梦境反映了白天生活的内容，不少人可能经历过类似的事。如临近考试的学生，常梦见自己在考场上遍找钢笔而不得，或对发下来的考卷一筹莫展，因为自己连考题都看不懂，在焦急中醒来仍心有余悸。有的人因头天晚上熬夜，早上就贪睡不想起床，但一想到还要上班，于是会在闹钟响之后，梦见自己起床梳洗，准备上班，这样在心理上有了交代，于是继续睡了下去。

5. 潜意识的反应

弗洛伊德认为，梦既不是什么"神谕"，也不是毫无意义的精神废料，而是被压抑在心灵深处的潜意识活动的最普遍、最重要的表现。为什么这样说呢？因为那些被压抑在潜意识领域中的愿望、情绪并不是静止不动的，总是要想方设法寻找表现的机会。人在睡眠中，有意识的活动减弱了，对潜意识的压抑也就减弱了，于是潜意识的愿望会乘机出来，表现为梦境中的种种活动，所以弗洛伊德说："梦是愿望的满足。"俗话说"猫梦鱼虾，鸡梦谷"，就是这种梦的典型代表。但在我们人类中，儿童的这种梦比较直观，到成人的阶段，就显得极为复杂了，常常是变形并且有显意与隐意之分的。而我们只有充分地了解梦的真正意义，才能知道满足了什么样的愿望。有一位学者，近期总是梦到反复打人，甚至杀人，他百思不得其解。其实他这个梦的愿望是显而易见的：原来，在他做梦的前一段时间，他爱人因一次医疗事故死亡，爱人的家人认为与他有关，多次寻衅闹事并且揍了他，而这位学者生性懦弱胆小又无力反抗，只能听之任之。但在梦中，他奋起反抗，打了或杀了别人，这正满足了他反抗的愿望。

第四章

动机与行为：为什么你会这么做

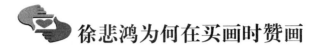

徐悲鸿为何在买画时赞画

"动机"一词来源于拉丁文 movere，即推动的意思。心理学家认为，动机是由一种目标或对象所引导、激发和维持的个体活动的内在心理过程或内部动力。换句话说，动机是一种内部心理过程，而不是心理活动的结果。对于这种内部过程，我们不能进行直接的观察，但是，我们可以通过任务选择、努力程度、对活动的坚持性和言语表达等外部行为间接地推断出来。通过任务选择，我们可以判断个体行为动机的方向、对象或目标；通过努力程度和坚持性，我们可以判断个体动机强度的大小。动机是构成人类大部分行为的基础。动机是在需要的基础上产生的，它对人的行为活动具有三种功能。

1. 激活的功能

动机能激发一个人产生某种行为，对行为起着始动作用。例如，为了消除饥饿而引起择食活动，为了获得优秀成绩而努力学习，为了取得他人赞扬而勤奋工作，为了摆脱孤独而结交朋友等。动机激活力量的大小，是由动机的性质和强度决定的。一般认为，中等强度的动机有利于任务的完成。

早在 1949 年以前，徐悲鸿刚到北平时，便经常去琉璃厂的字画店里浏览，搜集古今优秀字画。遇上他所喜爱的，他就会情不自禁地说"这是一张好画!""这是难得的精品"等，直说得站在旁边的画商眉开眼笑，本来没有打算要高价的，现在却向徐悲鸿提出了高价。而徐悲鸿一旦看中，便不再计较价钱。有时为了买画，家中的钱又不够，他就再添上自己的画。徐悲鸿当时的经济条件并不富裕，他自己的生活过得十分俭朴，连双皮鞋都要到旧货摊上去买。他的妻子廖静文有时埋怨他说："你何必在画商面前表示你那样喜爱这张画呢？你不会冷静一些吗？你总是让人家看出你非买不可，结果你原可以少出一些钱就能买到的画，也被人家要了高价。"徐悲鸿温和地点头笑了，承认她的话很有道理。但是，下一次再遇到画商送来好画时，他还是情不自禁地赞不绝口。

徐悲鸿为什么买画时赞画？从心理学的角度来解释，就是他作为一个画家，是赏画而不是买画，赏和买是不一样的，再高的价格，他也要拿下，这正是他作为一个职业画家的赏画动机在起作用。徐悲鸿终生不知疲倦地收集我国古代传统绘画，使它们能得到自己的研究、整理和保护。当一幅好画突然出现在他面前时，他激动、兴奋、赞赏。假如他对一幅真正的好画能装出无动于衷的样子，那他就不是画家徐悲鸿了。

2. 指向的功能

动机不仅能唤起行为，而且能使行为具有稳固和完整的内容，使人趋向一定的志向。动机是引导行为的指示器，使个体行为具有明显的选择性。例如，在学习动机的支配下，人们可能去图书馆或教室；在休息动机的支配下，人们可能去电影院、公园或娱乐场所；在成就动机的驱使下，人们会主动选择具有挑战性的任务等。由此可见，动机不一样，个体活动的方向和所追求的目标也是不一样的。

沃特出身贫寒。他在读小学时，曾在西雅图滨水区靠卖报和擦皮鞋来养家糊口。后来，他成了阿拉斯加一艘货船的船员。17岁高中毕业后，他就离开了家，加入到流动工人大军中。

他的同伴都是些倔强的人。他赌博，同下等人——所谓的"边缘人物"混在一起，军事冒险者、逃亡者、走私犯、盗窃犯等这一类人都成了他的同伴。他参加了墨西哥潘琼·维拉的武装组织。"你不接近那些人，你就不会参与那些非法活动，"沃特说，"我的错误就是同这些不良的伙伴搞在一起。我的主要罪恶就是同坏人纠缠在一起。"

他时常在赌博中赢得大量的钱，然后又输得精光。最后，他因走私麻醉药物而被捕，受到审判并被判了刑。

沃特进入莱文沃斯监狱时仅34岁。以前尽管他和坏人在一起，但从未因此而入狱。他遭受到磨难，他声言任何监狱都无法牢牢地关住他，他开始寻找机会越狱。

但此时发生了一个转变。这一转变使沃特把消极的心态改变为积极的心态。在他的内心中，有某种东西嘱咐他，要停止敌对行动，变成这所监狱中最好的囚犯。从那一瞬间起，他整个的生命浪潮都流向对他最有利的方向。沃特的思想从消极到积极的转变，使他开始掌握自己的命运了。

他改变了好斗的性格，也不再憎恨给他判刑的法官。他决心避免将来重犯这种罪恶。他环视四周，寻找各种方法，以便在狱中尽可能地过得愉快些。

首先，他向自己提出了几个问题，并在书中找到这些问题的答案。此后，他开始认真地学习，并努力上进。等出狱后，他刻苦努力，开了自己的公司，当上了董事长，实现了人生的蜕变。

沃特从囚犯到老板的蜕变过程中，起决定作用的就是动机的指向性功能，指导着沃特重新设计了目标，并最终实现。

3. 维持和调整的功能

动机能使个体的行为维持一定的时间，对行为起着续动作用。当活动指向于个体所追求的目标时，相应的动机便获得强化，因而某种活动就会持续下去；相反，当活动背离个体所追求的目标时，就会降低活动的积极性或使活动完全停止下来。需强调的是，将活动的结果与个体原定的目标进行对照，是实现动机的维持和调整功能的重要条件。

由于动机具有这些作用，而且它直接影响活动的效果，因而研究和分析一个人的活动动机的性质、作用是非常重要的。

5个玩牌的小孩为何心思各异

动机是为实现一定的目的而行动的原因。动机是个体的内在过程，行为是这种内在过程的表现。各种动机理论都认为，动机是构成人类大多数行为的基础。

需要是人的积极性的基础和根源，动机是推动人们活动的直接原因。人类的各种行为都是在动机的作用下，向着某一目标进行的。而人的动机又是由于某种欲求或需要引起的。

人的动机来源于需要，需要激发人的动机。

葛礼夏、阿尼雁、阿辽夏、索尼雅和厨娘的儿子安德烈，一面等大人回家，一面坐在饭厅里桌子四周玩"运气"——孩子们在赌钱，赌注是一个戈比。

他们玩得正起劲儿。就数葛礼夏脸上的神情最兴奋——他打牌完全是为了钱。要是茶碟里没有戈比，那他早就睡了——担心赢不成的那份恐惧、嫉妒。他那剪短头发的脑袋里装满的种种金钱上的顾虑，不容他安安静静地坐着，安住他的心思。

他的妹妹阿尼雁是一个8岁的姑娘——也怕别人会赢——钱不钱，她倒不放在心上。对她来说，赌赢了是面子问题。

另一个妹妹索尼雅——她是为玩牌而玩牌——不管谁赢了，她总是笑、拍手。

阿辽夏——他既不贪心，也不好面子，只要人家不把他从桌子上赶走，不打发他上床睡觉，他就感激不尽了——他在那儿与其说是为了玩"运气"，还不如说是为了看人家起纠纷，这在打牌时是免不了的。要是有人打人或者骂人，他就十分高兴。

第五个玩牌的人是厨娘的儿子安德烈——自己赢了也好，别人赢了也好，他都不关心，因为他的全部精神都注意着这种游戏的数字，注意着那不算复杂的原理，这世界上到底有多少不同的数字呢？它们怎么会算不错？

葛礼夏、阿尼雁、阿辽夏、索尼雅与安德烈，每个人的需要不同，导致他们玩牌的动机不一样，所以不同的需要决定了不同的动机。

但不是所有的需要都能转化为动机，需要转化为动机必须满足两个条件。

第一，需要有一定的强度。就是说，某种需要必须成为个体的强烈愿望，迫切要求得到满足。如果需要不迫切，则不足以促使人去行动以满足这个需要。

第二，需要转化为动机还要有适当的客观条件，即诱因的刺激，它既包括物质的刺激，也包括社会性的刺激。有了客观的诱因才能促使人去追求它、得到它，以满足某种需要；相反，就无法转化为动机。例如，人处荒岛，很想与人交往，但荒岛缺乏交往的对象（诱因），这种需要就无法转化为动机。

按心理学所揭示的规律，欲求或需要引起动机，动机支配着人们的行为。当人们产生某种需要时，心理上就会产生不安与紧张的情绪，成为一种内在的驱动力，驱使人们选择目标，并进行实现目标的活动，以满足需要。需要满足后，人的心理紧张消除了，然后又会有新的需要产生，这样周而复始，循环往复。

抢得火把的劫匪为何没有走出山洞

动机与效果的关系也是十分复杂的，这里的效果是指社会效果。一般说来，良好的动机应该产生良好的行为效果；反之，不良的动机则会产生不良的社会效果，这就是动机与效果的统一。但是，在实际生活中，动机与效果不统一的情况也时有发生。如一个孩子想帮父母收拾一下屋子，但是不小心打碎了窗户上的玻璃，或是撞碎了桌上的花瓶。从动机讲无可非议，却产生了不好的效果。因此，好的动机不一定能产生好的效果。对此，我们要认真分析，具体对待，不能一概而论。

古时候，有个商人遇到了劫匪，劫匪把他赶到山洞里，并抢了他的钱，结果两个人都在山洞里迷了路。

之后，两个人开始寻找洞的出口。在他们追逐时，并未觉察，其实这个山洞极深极黑，且洞中有洞，纵横交错。两个人置身于洞内，宛如身处一个地下迷宫。这时，劫匪又转回身来，商人想："这下完了，看来这个劫匪还是要杀人灭口。"没想到，劫匪只是拿走了商人准备为夜间照明用的火把。

劫匪很庆幸，他点燃火把，就像点燃了生命之光。劫匪借着火把的亮光在山洞里行走。火把给他的行走带来了很大的方便，他可以看清脚下的石头，看清周围的石壁，因而他不会碰壁，不会被脚下的石头绊倒。但是，劫匪走来走去，就是走不出这个山洞。为了避免在原路上重复，他把抢得的钱每隔一段路放一张，终于，所有的钱一张一张地都放完了，他多希望在他的路上再也不要看到它们。可是，他就是走不出这个山洞。最后，他终于绝望了，并因力竭而死在了洞里。

商人因为失去了火把，没有了照明，他在黑暗中摸索行走得十分艰辛，还不时会碰壁，不时被石头绊倒，鼻子被擦破了，脸被摔肿了。但是，正是因为他一直置身于一片黑暗之中，所以，眼睛能够敏锐地感受到洞口折射进来的微弱的光亮。于是他迎着这一束微弱的光摸索着爬行，最终逃离了山洞。

数日后，这个商人带了随从及火把、路标，再次走进了这个山洞，发现了劫匪的尸体，也看到了那一张张作为路标的钱，其中有的钱距离洞口并不远。

劫匪抢钱，目的在于过上不劳而获的好日子。正是这钱，使他进入了虎口一般的山洞。劫匪抢了钱财之后，返回身去抢火把，目的在于走出山洞，保全性命。可正是因为火把的光亮，劫匪没有走出山洞。劫匪的动机总是和目的不一致，每一次的想法总以相反的结果出现，这就是目的和动机的不一致。生活中常有这样的例子，有的人就是无法看到洞口射来的微弱的亮光，永远地留在了洞内。

上面我们讲了，不良动机导致结果变化的动机效果不一致，下面我们再看一个善良动机导致美好结局的动机效果不一致情况。

很多年以前，一个暴风雨的晚上，有一对老夫妇走进一家旅馆的大厅要求订房。

但客房已满，服务生一脸无奈，但他看着两个老人可怜的样子，同情顿生，于是把自己的住房让给了老人。

第二天一大早，当老先生下楼来付住宿费的时候，那位服务生婉言拒绝了老先生，说："我的房间是免费给你们住的，我昨天晚上在这里已经取得了额外的钟点费，房间的费用本来就包含在这里面了。"老先生说："你这样的员工是每一个旅馆老板梦寐以求的，也许有一天我会为你盖一座旅馆。"年轻的服务生听了笑了笑。他明白这对老夫妇的好心，但他只当它是一个笑话。

又过了几年，服务生突然接到老先生的来信，并要他去曼哈顿，给他一个旅馆，服务生如约而至。老板果真给了他一个旅馆，这家旅馆就是美国著名的渥道夫·爱斯特莉亚饭店的前身，这个年轻的服务生就是该饭店的第一任总经理乔治·伯特。乔治·伯特怎么也没有想到，自己用一夜的真诚换来的竟是一生的辉煌回报。

小伙子留老夫妇住宿，当时的动机只有一个，即帮人于危难之中。而面对老先生要付住房费时，就会有两个动机，一是收钱，获得经济上的回报；另一个是婉言拒收，塑造自己的人格。

小伙子用自己的善良动机打动了老夫妇，给他带来了意想不到的效果，小伙子的动机与效果并不一致，但这样的不一致带来了极大的成功。

第五章

记忆：你能过目不忘吗

为什么看得清，却记不住

下班回家的路上，小唐骑着自行车沿马路而行。突然，一辆带斗的卡车风驰电掣般从她身边驶过，竟把她刮倒在了公路旁，她的头部、手脚都摔破了，司机却没有发现出了事故。小唐望了一眼车尾的牌号，可是没等她记住，卡车已经无影无踪了。总算万幸，没有出什么大问题，只是擦破了点皮。此刻，她想起苏联一部小说曾描写过类似的情景，一位民警被一辆强行通过的汽车撞倒了，他躺在地上只是抬头看了一眼远去的汽车，便一动不动，待其他民警赶到时，他说出了汽车牌号就闭上了眼睛。

香港电视连续剧《天下无欲》中曾有这样一段情节，赌王向瞬间驶过的一辆距离约5米的巴士只投去匆匆一瞥，就记住了上面密密麻麻的数行广告语，从而使一旁原本将信将疑的青年心服口服。

这样的情节当然是荒诞的，如果也给你那么一点时间（不超过1秒），向你出示一份约4行的材料，你能记住多少呢？4个字？7个字？还是10个字？可以肯定，你记住的不会超过6个字（或符号）。大量的心理学资料证明，在一次特定的呈现中，无论共有几个字，我们一般都只能报告4～5个而已。即使让你看一辆路过的汽车的车牌号，你可能看得清清楚楚的，但不等你把它们记下来，那辆车就走远了。

《三国演义》第六十回中蜀中刘璋手下有一人姓张名松，身材矮小，相貌丑陋，但是他的博闻强记世间罕有。刘璋派他出使魏国，曾驳倒当世名士杨修。杨修又拿出曹操仿《孙子兵法》著的兵书13篇，张松看了一遍，便从头至尾背诵出来，竟无一字差错。杨修大惊，说："公过目不忘，真天下奇才也。"骇得曹操以为兵书为前人所著，便下令将自己所著的兵书烧了。

如果不是电影、小说夸张，便是民警、赌王、张松他们确有"特异功能"。就一般人而论，一目十行、过目不忘是不可能的。前面的事例中，为什么小唐没有记住卡车的车牌号呢？她明明已经看到车牌号了呀，这是为什么呢？

1960年，心理学家斯伯林通过巧妙的实验设计，为我们揭开了这一现象的谜团，并且确认了一个新的记忆阶段——感觉记忆阶段。

斯伯林的实验是这样进行的：同时向被试者呈现3、4、6、9等若干个数字，呈现时间是50毫秒，数字呈现后，立即要求被试者尽量多地把数字再现出来。实验结果是，当呈现的数字低于4个时，被试者可以全部正确地报告出来；当数字增加到5个以上时，被试者的报告开始出现错误，其平均正确率为4.5。这个结果使斯伯林设想，在感觉记忆中所保持的信息可能比报告的多些，只是由于方法的限制未能检查出来，于是他设计了另外一种方法。

他按4个一排，一共3排的方式向被试者呈现12个英文字母：呈现时间仍为50毫秒。其中每排字母都和一种声音相联系，如上排用高音、中排用中音、下排用低音。要求被试者在字母呈现后，根据声音信号，对相应一排的字母作出报告（局部报告法）。由于3种声音的出现完全是随机安排的，因此被试者在声音信号出现之前不可能预见要报告的是哪一排。这样，研究者就可以根据被试者对某一排的回忆成绩来推断他对全部项目的记忆情况。

实验结果表明，当视觉刺激消失后，立即给予声音信号，被试者能报告的项目数平均为9个，这比采用整体报告法几乎增加了一倍。由此，斯伯林认为，人存在一种感觉记忆，它具有相当大的容量，但是保持的时间十分短暂。由于时间短暂，感觉记忆又被称为视觉的瞬时记忆，它是记忆的起始阶段。

大家也许已经注意到了，我们上面特别指出是视觉的瞬时记忆。瞬时记忆在存储的时候是以原来的方式存放在我们的感觉器官上，最多在我们的感觉皮层留下痕迹，还没来得及加工，所以会受不同感官的性质所影响。比如，视觉的瞬时记忆时间不超过0.5秒，听觉的瞬时记忆时间则是2秒左右。我们可以同时看到很多东西，但我们是不能一次听很多声音的，所以，听觉的瞬时记忆容量会比较小。

那么，瞬时记忆到底有什么用处呢？也就是说，我们为什么需要瞬时记忆？你现在可能正坐在靠椅上，眼睛不自觉地扫描着每一行字。你知道你正在看什么，同时你能隐隐约约感觉到周围的动静。你听得见翻书的声音，感觉得到靠椅的舒适，还能估计今天的温度跟昨天差不多，说不定你还闻到了早上刷牙后留下的清香……所有这些感觉在你看书时都是存在的，只是你在书上投入了太多的注意而几乎没有意识到它们。但是如果有人突然推门进来，你可能会不自觉地抬起头，或者你已经从脚步声中听出来者是何人，为何事而来。总之你是停止看书了，这说明你确实是能随时都意识到周围的变化的。瞬时记忆的作用在于，它暂时保持了你接受到的所有感官刺激以供你选择。我们需要它，因为在判断周围环境的刺激哪些是重要的，哪些是次要的，并选择对我们有意义的刺激的过程需要时间，而且这段时间不能太长，否则我们就可能丢失下面更重要的信息。

记忆中的"虎头豹尾"现象

"余风，背诵一下上节课我们学过的课文《春》。"

余风慢慢腾腾地从座位上站起来。唉！讲完了一课就要背诵，烦死了！背诵对他来说真是天大的难事。

"盼望着，盼望着，东风来了，春天的脚步近了。一切都像刚睡醒的样子，欣欣然张开了眼。山朗润起来了，水涨起来了……水涨起来了……"

才流利地背了几句，余风的舌头就开始打结了，他紧锁着眉头，挠着后脑勺使劲回想着。唉！怎么又忘了？昨天还会背来着！每次都是这样，开头之后就忘记了！

老师皱着眉头看着他。

"老师，我会最后几段！"突然，余风兴奋起来，接着，他的嘴就像上了膛的机关枪一样，"嘟嘟嘟"地喷出"珍珠"一串串。

"春天像刚落地的娃娃，从头到脚都是新的，它生长着。

"春天像小姑娘，花枝招展的，笑着，走着。

"春天像健壮的青年，有铁一般的胳膊和腰脚，领着我们上前去。"

"老师，完了！"最后，他大声报告说。

看着他滑稽的样子，全班同学哄堂大笑。

对于这样的情形你是否有一种似曾相识的感觉呢？为什么余风不记得课文中间的部分，只记得开头和结尾呢？心理学家研究发现，学习材料的位置和顺序对记忆效果有重要的影响。

1961 年，加拿大心理学家默多克给被试者呈现了一系列无关联的词，如铅笔、氧气、公园、蚂蚁、明星、打火机、鼠标、剪刀……研究者先让被试者按一定顺序学习这一系列单词，然后让他们自由回忆。也就是说，不必按照他们学习的顺序回忆出来，想到哪个单词就说出哪个单词。结果发现，最先学习的和最后学习的单词的回忆成绩较好，而中间部分的单词回忆成绩较差。

心理学家把这种现象称为系列位置效应。开始部分较好的记忆成绩称为首因效应，结尾部分较优的记忆成绩称为近因效应。

结尾部分的回忆成绩比开始部分的成绩要好，这一点很好理解，因为这是我们刚刚记忆的部分，还没有经过时间的考验，与开始部分的记忆效果在本质上是有区别的，毕竟开始部分记得最早，却还没有遗忘。显然，结尾部分的记忆机制与开始部分的记忆机制不同。为了考察这一点，研究者改进了上面的实验，让被试者在看完单词系列后马上做30秒的心算，然后自由回忆，结果发现近因效应已经消失。

为什么做一个心算作业，结尾部分的内容就记不住了呢？其实如果我们将记单词与心算看作同一个任务，那么心算作业就是结尾部分，而原来单词的结尾部分就变成中间部分了。不过读者可能还是有疑问，为什么单词的结尾部分在30秒内就被遗忘了，而开始部分还一直记得呢？这种现象说明记忆内部是有差别的。从这个实验我们不难看出，记忆能力是有限的，我们需要时间来记住更多的内容。

我们如何在实际的学习和生活中应用这个规律呢？至少有两点是我们可以从中获益的。第一，学习的时候，应该不断变换学习的开始位置。比如在背诵一篇课文时，不要每次都是从起始部分读到末尾，有时也应该从文章的中间部分开始读起，这样才不至于只记得开始部分和结尾部分，却忘了中间部分。第二，学习的过程中留下一点时间间隔，可以加强记忆的效果，特别是完成了某一部分学习内容后，更应该留个5~10分钟的时间来休息。这样可以巩固已经学习过的内容，同时不至于太疲劳而影响下面的学习。

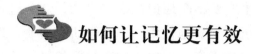

如何让记忆更有效

记忆是有方法的，如果你记忆一些很枯燥的东西，记到头疼也记不住多少。但如果你运用一些方法，如联想记忆法、形象记忆法、情景记忆法等方法，记忆的效果就会好一些。

1. 联想记忆法

巴甫洛夫提出，联想就是暂时神经联系（即条件反射）。他说："暂时神经联系乃是动物界和我们人类的心理现象，不论它是由结合各种各样的行动和印象而成的，抑或结合字母、词和思想而成的。"任何记忆都是建立在条件反射的基础之上的。所谓记忆的过程就是条件反射的形成、巩固和恢复的过程。而所谓的"条件反射"是从生理学角度来讲的，换成心理学的描述，那就是"联想"。

在记忆的过程中，联想起着非常重要的作用。因为客观存在的事物并不是彼此独立的，而是处在复杂的关系和联系之中的。人们在回忆某个客观事物的时候，总是按照它们彼此的关系和联系去识记、保持和重现的，这充分说明了记忆与联想之间的密切关系。换句话说就是，联想是记忆的基础，同时是记忆的重要方法。在记忆时我们一定要认真理解信息的内容和实质，令头脑中浮现出清晰的表象，再用联想法去记忆。

印度著名物理学家、数学家喇曼努江（1888—1970）和英国数学家哈代（1877—1947）关系密切，经常在一起切磋数学问题。

有一次，哈代去看望喇曼努江，打电话告诉喇曼努江他所乘的一辆出租汽车的牌号是1729。

"1729真是个毫无趣味的数。"哈代对喇曼努江说。

"不，不，哈代，"喇曼努江说，"这是一个非常有趣的数！它是任何一个可以用两个不同方法来表示两个立方之和的最小数：$9^3 + 10^3 =$

$1^3 + 12^3 = 1729$，我记住了。"

这里喇曼努江用的就是联想记忆法。

其实我们一生中要不断地记住很多事物，这个过程中有许多通用的记忆术，我们已不自觉地使用。心理学研究表明，理解的比不理解的好记，有意义的比无意义的好记，通过联想可以达到纲举目张的记忆目的，能记住更多的内容。只要我们善于联想，记忆会变得更加有效。

2. 形象记忆法

人脑就像一台计算机，记忆是大脑的功能，是大脑对信息的接受、储存和提取的过程。这说明信息在记忆中是必不可少的。人脑接受的信息一般分为两种：形象信息和语言文字信息。

人自出生就能接受形象信息，而对语言文字信息的接受，是在后天随着年龄的增长、知识阅历的增多逐渐学会的。

众所周知，形象事物的形象信息转化为表象就能被记住。非形象事物的信息要经过加工编码，变成语言文字的表象后才能被记住，而且，形象信息比较具体直观、鲜明，容易形成表象。而语言文字信息比较笼统，不太容易形成表象。因此，人们的大脑比较容易接受形象信息，而对语言文字信息的接受相对困难些。

根据科学家们研究的结果表明，在人脑的记忆中，形象信息大大多于语言信息，它们的比例是 1000∶1。难怪科学家们说形象信息是打开记忆大门的钥匙。

所谓形象记忆法，就是将一切需要记忆的事物，特别是那些抽象难记的信息形象化，用直观形象去记忆的方法。

接下来我们来看一个形象记忆的实验。首先准备一根长 25~30 厘米的细线，下端拴一枚大纽扣或小螺母，当成一个吊摆。再在一张纸上画一个直径为 10 厘米的圆，通过圆心在圆内画一个"十"字。然后按下列步骤开始实验。

第一，平稳地坐在椅子上，双肩放松，胳膊放在桌上，心情平静，呼吸平缓，排除杂念。

第二，用右手食指和拇指轻轻捏住细线，使下面的纽扣垂悬在圆心，距纸高度为 3 ~ 5 厘米。

第三，眼睛紧紧盯住纽扣，头脑中浮现纽扣左右摆动的形象，如果一时想象不出纽扣的摆动幅度形象，可以左右移动自己的视线（不要摇头），并暗示自己："纽扣开始摆动了。"这样在不知不觉中纽扣就真的会摆动起来。这时进一步暗示自己："纽扣摆动得越来越大了。"

第四，如果你想象纽扣停止摆动的形象，那纽扣就真的会慢慢停止摆动。

第五，熟练以上方法后，还可以用想象随意让纽扣做前后摆动、对角线摆动或者绕圆周旋转。也可以把纽扣悬在玻璃杯里，通过想象使其碰杯子内壁，碰几下后就会完全听从你的指挥了。

为什么会产生这种有趣的现象呢？原来这是大脑中的手或手指活动的形象记忆在暗暗地起作用。因为任何人的手或手指都有过前后、左右晃动的经历，这就是晃动的形象，不论自己能否意识到，都已经深深地记忆在脑海中了。同时，这种形象记忆同当时的身体动作（运动记忆）结合在一起。因此，当你回忆和想象时，身体就会自发地重现当时的表现。形象记忆是非常有效的记忆方法，如果记忆很枯燥的东西，我们不妨把它转化为形象之后再来记忆，比如，喇曼努江所记的数字，他是用联想的方法，我们也可以用形象的方法，把数字联想成某个形象，一般的形象记忆是和联想记忆分不开的，所以有种科学的记忆方法称为形象联想记忆法。

3. 情景记忆法

有一次，爱因斯坦和夫人去见卓别林，他们相聚在一个小客厅里一起吃饭。吃饭的时候，他们说起相对论。"相对论是怎么在博士的头脑里产生的？你怎么想起发现相对论的呢？"

卓别林饶有兴趣地问道，他很想知道，爱因斯坦是个什么样的人，怎么发现了相对论。

"还是让我来说说发现相对论那天早晨的情况吧。"

爱因斯坦的夫人答道，她显然很高兴别人关心自己丈夫的成就。

"那天他和往日一样，穿着他的睡衣从楼上走下来用早餐，但是那天他几乎什么东西也没吃。我以为他不太舒服，就问他哪儿不痛快，他说，'我有一个惊人的想法。'他喝完了咖啡，就走到钢琴前，开始弹钢琴。他时而弹几下，时而停一会儿，又记下了一些什么东西，然后，他又说，'我有一个惊人的想法，一个绝妙的想法！'我说，'你究竟有什么想法呀，你就讲出来吧，别叫人闷在葫芦里啦。'

"他说，'这很难说，我得把它推导出来。'他继续弹钢琴，有时停下来用笔写些什么。大约经过半个小时，然后他回到楼上的书房里，并告诉我，别让人来打扰他。从此，他在楼上一待就是两个星期，每天叫人把饭菜送上楼去，黄昏的时候，他出去散一会儿步，活动活动，然后又回到楼上去工作了。一天，他终于从他的书房里走下来了，他面色苍白。'就是这个。'他一面对我说，一面把两张纸放在桌上，那就是他举世闻名的'相对论'。"

卓别林听后，肃然起敬，说道："爱因斯坦先生，你的确是位艺术家，是浪漫主义艺术家。从今天起，就从今天起，你将成为我艺术生涯的朋友！"

情景记忆是对个人亲身经历的、发生在一定时间和地点的事件的记忆。情景记忆是由加拿大心理学家E. 托尔文于 1972 年提出的。用他的话来说，情景记忆接受和储存关于个人在特定时间发生的事件、情景，以及与这些事件的时间、空间相联系的信息。它是以个人的经历为参照的，或者说，情景记忆储存的是自传式的信息。如想起自己参加过的救人抢险活动，那紧张的景观和场面历历在目，对这一事件的记忆就是情景记忆。它与语义记忆相对应，但二者又有重大的区别。由于情景记忆受一定时空的限制，很容易受各种因素的干扰。因而难以储存，不易提取。从某些遗忘症患者那里可以看到，他们回忆自己所经历的某段具体情景比回忆其他内容更困难。

上例中，爱因斯坦夫人以高度概括的表象记忆，将爱因斯坦研究相对论的过程，惟妙惟肖地描绘了出来，自然深深地打动了卓别林。爱因斯坦夫人就是运用情景描述让卓别林深刻地记住了，不觉间，卓别林已用情景记忆法，记忆了爱因斯坦发明相对论的整个过程。

第六章

智力：“早慧”与“大器晚成”区别何在

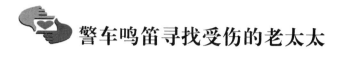

警车鸣笛寻找受伤的老太太

人们在生活实践中常常遇到许多光靠感觉、知觉和记忆解决不了的问题。实践要求人们在已有的知识经验的基础上，通过迂回、间接的途径去寻找问题的答案；实践要求人们对丰富的感性材料，进行"去粗取精、去伪存真、由此及彼、由表及里"的改造制作，从而解决问题。

这种"改造制作"的功夫，这种通过迂回、间接的途径去找得问题的答案的认识活动，就是思维活动。它是一个智力活动过程，是人类特有的，是智力的一种表现形式。

思维是借助语言、表象或动作实现的，对客观事物的概括和简介的认识，是认识的高级形式。它能揭示事物的本质特征和内部联系，并主要表现在概念形成和问题解决的过程中。思维不同于感觉、知觉和记忆。感觉、知觉是直接接收外界的刺激输入，并对输入的刺激进行初级的加工。记忆是对输入的刺激进行编码、存储、提取的过程。而思维是对输入的刺激进行更深层次的加工，它揭示事物之间的关系，形成概念，并利用概念进行判断、推理，解决人们面临的各种问题。但思维又离不开感觉、知觉和记忆活动所提供的信息。人们只有在大量感性信息的基础上，在记忆的作用下，才能进行推理，作出种种假设，并检验这些假设，进而揭示感觉、知觉、记忆所不能揭示的事物的内在联系和规律。

一位民警在夜间接了一个电话，打电话的是一个长期卧床不起的瘫痪老太太。她不慎从床上摔了下来，头部负伤，一阵清醒一阵昏迷的，幸亏伸手可以够着电话机，这才打电话紧急求援。

老太太什么也没告诉警官，只说了有个保健医生常为她做治疗。

警官好不容易找到了这位保健医生家的电话号码，但拨通电话后才知道，他外出度假了，而他的家人对瘫痪老太太的住址一无所知。等到警官再次呼叫老太太时，她只回答了一个问题——告诉警官自己房里仍亮着灯，就又昏迷过去了。

老太太房间里亮着灯，而电话没挂断，这两个看似无关的条件，却使警官看到了解决问题的希望。他与上级取得联系后，紧急命令全城各个警察局出动所有警车，拉响警笛穿行在城市的大小街道上。警官终于从电话机里听到了警笛声，据此可知有一辆警车已接近老太太的住所了。

可是那么多警车，到底是哪一辆车的警笛声呢？还是不好办。

警官命令所有的警车停止前进，停止鸣笛，然后按照编号依次拉响警笛。当电话里再次传出警笛声时，警官也就知道了是哪辆警车停在老太太住所的附近。

这辆车上的警察按照警官的要求，用高音喇叭向附近几座居民楼喊话，让居民们关掉家里所有的灯。

老太太仍昏迷不醒，她房间的灯一直亮着，当周围一片黑暗后，亮灯的房间就是老太太的住处。警察冲进去，救出老太太，火速送往医院，一场大规模的救援攻坚战才算告一段落。

这个故事讲的就是思维的运用。故事里的警官，为了寻找到老太太，以没挂断电话为线索，对脑海中的信息进行加工、综合，并在电话里一直听着警笛的声音。找到附近位置后，再命令其他居民关掉灯。这种间接迂回的认识过程，只有思维才能做到。

思维过程是我们认识活动的高级阶段。正如感觉、知觉、表象一样，思维也是人对客观事物的反映，它的源泉同样是客观世界。但是我们的思维过程是一种对客观事物概括、间接的反映过程，它反映出客观事物的一般特性和规律性的联系及关系。思维的主要特征是概括性和间接性。

所谓概括性，是指在分析、研究感性材料的基础上，把一类事物共有的本质特征抽取出来加以概括，形成具有普遍意义的规律性认识。例如，牛顿从"地球上的任何物体一旦失去支持，都会落到地面上"的感性经验中概括出了万有引力定律。正因为有了思维的概括性，才使思维的间接性成为可能，因为思维在进行推理时，首先要对事物有一个概括性的认识。

所谓间接性，是指人们以已有的知识经验为中介，进行推理、判断，去理解或把握那些没有直接感知过的，或者根本不可能感知的事物本质，以推测事物过去的进程，推知事物未来的发展。例如，人类还没有真正弄清楚宇宙形成的奥秘，但是我们可以根据宇宙中存在的种种现象以及相关的知识经验来推测它的形成。同样，人们不知道某些疾病与遗传基因之间的关系，但是人们可以根据实验来认识它们之间的关系。由此可见，由于思维的间接性，人们才可能超越感知觉提供的信息，认识那些没有直接作用于人的感官的事物和属性，从而揭示事物的本质和规律。从这个意义上讲，思维的认识领域要比感知觉认识的领域更广阔、更深刻。

思维的间接性是以对事物的概括性认识为前提的，没有思维对事物的概括，我们就不能超越现实而达到对事物的间接性认识。如果我们不能概括出乌云密布与下雨之间的关系，就不能在乌云密布时预计天将下雨。

由大器晚成的马援说起

据《后汉书·马援传》记载：马援 12 岁时就失去了父母，靠他的哥哥抚养长大。马援年少时胸怀大志，生性并不聪明。当时，有一个叫朱勃的人，12 岁就能口诵《诗》《书》。马援对照自己，感到差距太大，加上他的家境不富裕，就向他的哥哥马况提出请求，要到边疆去放牧。马况了解自己的弟弟，就鼓励他说："像朱勃这样的人，是小器速成。如果你发奋努力，将来肯定会成功的，对自己要充满信心，千万不要自卑。"马援听了哥哥的话后，不再自卑，而是努力学习和锻炼。新莽末年，马援当了汉中太守。建武十一年（公元 35 年）任陇西太守，率军击破羌。马援 55 岁时，被封为伏波将军。在东汉的建立和巩固过程中，马援屡建奇功。人称他是"大器晚成"的名将。

这说明，人与人之间的智力差异是客观存在的。我们平常说某人聪明，某人迟钝；某人擅长形象思维，某人擅长抽象思维，都属于智力的个体差异。智力的个体差异有多种表现形式，它可以表现在水平高低上，也可以表现在结构的不同上，还可以表现在发展与成熟的早晚上。上例中马援就表现在成熟早晚上。

1. 智力水平差异

心理学的研究表明，人的智力水平是呈常态分布的。有些人智力发展水平较高，有些人智力发展水平较低，而大多数人的智力属于中等水平。68% 的人的智商在 85～115 之间，他们的聪明程度属中等。智商分数极高与极低的人很少，一般认为，智商超过 140 的人属于天才，他们的比例不到 1%。智商在 130 以上为超常儿童，智商在 69 以下为低常儿童，处在智力分布两个极端的超常和低常儿童，虽然他们的人数比例较低，但是由于他们各自具有与一般儿童显著不同的特点，所以常常引起教育和心理学工作者的重视。

2. 智力结构差异

人的智力差异不仅表现在水平上，还表现在结构上。智力结构差异主要是指，由于构成智力的基本因素不同而产生的不同的智力类型。

（1）分析型、综合型与分析—综合型

这是根据人们在知觉过程中的特点而划分的类型。属分析型的人，在知觉过程中，具有较强的分析能力和对物体细节感知清晰的特点，但概括性和整体性不够；属综合型的人，具有综合整体知觉的特点，但缺乏分析性，对细节不大注意；属分析—综合型的人，兼有上述两种类型的特点，既具有较强的分析性，又具有较强的综合性，是一种较理想的知觉类型。

（2）视觉型、听觉型、运动觉型与混合型

这是根据人们在记忆过程中，某一感觉系统记忆效果最好而划分的类型。视觉型的人视觉记忆效果最好；听觉型的人听觉记忆效果最佳；运动觉型的人有运动觉参加时记忆效果最好；混合型的人用多种感觉通道识记时记忆效果最显著。在日常生活中，有些人（艺术家）需要高度发展的形象记忆，而另一些人（数学家）需要高度发展的抽象数字符号记忆。有的人记忆敏捷、准确，保持长久，提取运用方便；有的人则记忆迟钝，遗忘得快；还有的人虽然记得慢，但记得扎实，保持时间长。

（3）艺术型、思维型与中间型

这是根据人们的高级神经活动中，两种信号系统谁占优势而划分的类型。艺术型的人，第一信号系统（除语词外的各种刺激物）在高级神经活动中占相对优势。他们在感知方面具有印象鲜明的特点；在记忆方面易于记忆图形、颜色、声音等直观材料；在思维方面富有形象性，想象丰富，还有，他们的情绪容易被感染。思维型的人则第二信号系统（语词）在高级神经活动中占相对优势。他们在感知方面注重对事物的分析、概括；在记忆方面善于语词记忆、概念记忆；在思维方面倾向于抽象、分析、系统化，善于逻辑构思和推理论证等。中间型的人两种信号系统比较均衡，具有两者的特点。

3. 智力的年龄差异

智力发展与成熟早晚也存在明显的年龄差异。有的人在儿童时期就显露出非凡的智力和特殊能力，这就是“人才早熟”或“早慧儿童”“超常儿童”。如唐初有名的诗人王勃，6 岁善文辞，9 岁能读《汉书》，之后写下了脍炙人口的《滕王阁序》；诗人白居易五六岁能作诗，9 岁通声律；贝多芬 13 岁时便创作了 3 部奏鸣曲……

人的智力除“早慧”外，还有“大器晚成”的现象，即有的人一直到很晚才表现出才能来。我国古代早就有“甘罗早，子牙迟”的记载，战国时代，秦国的甘罗 12 岁就当上了上卿，而姜子牙 72 岁才任宰相。我国近代著名画家齐白石，40 岁才表现出绘画才能。著名生物学家、进化论的创始人达尔文，到 50 多岁才开始有研究成果，写出名著《物种起源》一书。

人的智力虽有早晚的年龄差异，但就多数人来说，成才或出成果的最佳年龄是成年或壮年时期。美国学者莱曼曾研究了很多科学家、艺术家和文学家的年龄与成就的关系，他认为 25～40 岁是成才的最佳年龄。

人会越来越聪明吗

小勇今年4岁了，在妈妈的精心教育之下，他的智力发展一直都很好。但是妈妈仍担心会因自己的疏忽而影响了小勇的智力发展，为此，妈妈带小勇来做心理咨询。了解了妈妈的担忧，心理咨询专家告诉妈妈，其实人的智力是随年龄增长而增长的。从出生到十六七岁的这段时间里，智力发展呈上升趋势，之后智力发展速度减慢，但还是有所升高。22~30岁这段时间，智力发展达到了顶峰，并保持这一水平。35岁之后，人的智力水平有所下降，但幅度不大。只要教育得当，是不会对孩子的智力造成影响的。听了专家的话，妈妈终于松了一口气。

根据心理学家的研究，人类智力随年龄增加而增长。但是，智力成长过程呈何种趋势呢？其成长曲线是等速还是加速进行的？智力在几岁达到高峰？人们对这些问题的看法和意见并不一致。

有的人认为智力发展在10岁之前呈一条直线，超过这个年龄开始减慢，到18岁停止生长。

贝利以贝利婴儿智力量表、S-B量表、韦克斯勒成人量表，对同一组测试者经过36年长期追踪研究，发现13岁以前测验分数呈直线上升，以后逐渐缓慢，到25岁时达到最高峰，26~36岁属于保持水平的高原期，随后有所下降。

韦克斯勒与塞斯顿等人，分别在1958年和1965年得出下列结论：

（1）一般人的智力发展自三四岁至十二三岁呈等速趋势，13岁后则呈负加速前进，即随年龄增加而渐减。

（2）智力发展速度与停止年龄，虽然有个别差异，但是与人的智力高低有密切的关系。智力低的人发展速度慢，停止年龄较早；反之，智力高的人，其智力发展速度较快，而停止的年龄也较晚。

（3）早期的研究认为，人的智力在15~20岁时达到高峰，并逐渐停止发展;但最近的研究发现,人的智力发展大约在25岁时达到顶峰。

(4) 人的各种能力的发展速率并不相同,一般说来,感知能力,特别是反应速度,其达到高峰后开始下降的年龄比较早;较复杂的能力,如推理能力,则发展较慢,下降也比较缓慢。

由此可见,我们的智力发展既不是匀速的,也不是一直加速的。大体上来说,它是先快后慢,到了一定年龄则停止增长,然后随着衰老,又会有所下降。

第七章

情绪："需要"是否得到满足的晴雨表

喜怒哀乐是怎么一回事

你一定有过这样的经历：遇到喜庆的事情就会喜上眉梢，遇到生气的事情就会愤怒无比，遇到伤心的事情就会悲哀痛苦，遇到高兴的事情就会开心快乐……其实，这一切要归属于我们的情绪。

情绪是人类最熟悉、体会最深的一种心理活动。我们每个人都有情绪反应，而喜怒哀乐是最基本的情绪状态，每个人都在反复体验着这些情绪。那么，情绪究竟是怎么一回事呢？

一般认为，情绪是个体感受并认识到刺激事件后而产生的身心激动反应。

何谓刺激事件？此处所说的刺激事件不仅指来自外部环境的某种刺激（比如，看见一只色彩斑斓的蜘蛛，听见一句滑稽的话、一声婴儿的啼哭，等等），而且包括来自个体内部环境的生理上的以及心理上的刺激。具体而言，胃痛或牙痛、饥饿干渴、气喘心跳等属于身体内部的生理刺激；而想到度假、考试、恋人、去世的朋友等，属于来自内心的刺激，它们都会引起你的情绪反应。

一种气味，淡淡的，你嗅到后并无异样感受，如果飘来一阵水果的香味，那是你喜欢吃的水果，那么这种香味会让你感到愉悦。但是，另一种你不喜欢吃的水果散发的阵阵气味，你闻到后会感到很难受，这些都是对于外界刺激而引起的情绪。

我们几乎每天都要表达自己的情绪，比如，"今天我高兴""我现在很懊恼""昨天那事让我感到很难过""吓死我了""真恶心""我喜欢你"……也会描述他人的情绪，比如"他太紧张了""这人怎么这么开心""我父亲对我很生气""昨晚圣诞节舞会上，大家都很兴奋"。情绪是我们每个人不可缺少的生活体验，是有血有肉的生命的属性，"人非草木，孰能无情"。

我们的情绪在很大程度上受制于我们的信念、思考问题的方式。如果是因为身体的原因而使自己产生不愉快的情绪，则可借助药物来改变身体状况。但我们非理性的思维方式，就像我们的坏习惯一样，都具有自我损害的特性，而且难以改变。这正是情绪不易控制的真正原因。

情绪的好和坏，事实上与我们自己的心态和想法有关，与刺激的关系并不大。同一件事，在别人眼中看来是悲哀的，在你眼中也许就是喜乐的，看自己怎么想了。

情绪无所谓对错，常常是短暂的，会推动行为，易夸大其词，可以累积，也可以经疏导而加速消散。

人类拥有数百种情绪，它们或泾渭分明，如爱恨对立；或相互渗透，如悲愤、悲痛中有愤恨或愤怒夹杂；或大同小异的情绪彼此混杂，十分微妙，往往只可意会，难以言传。在纷繁复杂、波谲云诡的情绪面前，语言实在是有点苍白无力。

人的基本情绪有以下几种：

（1）快乐：一种愉快的情绪，是人的需要得到满足时产生的喜悦体验。

（2）愤怒：与快乐是相对的两极，怒是由于事与愿违，期望不仅未能如愿，反而出现根本不愿意见到的情况，从而使原有的紧张不仅未能解除，反而更加严重的心理的压力体验。或突然遭到意外，瞬间引起的心理感受。

（3）悲哀：产生于人们所热爱和盼望的事物突然消失或泯灭，是心理感受到的失落、空虚、渺茫、不知所措，也是心理上另一种刺痛的体验。

（4）恐惧：一种极度紧张的心理状态，极端严重时可有濒死感、失控感、大祸临头感，伴有明显的生理变化，如面色苍白、呼吸急促、小便失禁、冒虚汗等。

情绪的"风情万种"：心境、激情、应激

情绪状态是指在某种事件或情境的影响下，在一定时间内所产生的某种情绪，其中较典型的情绪状态有心境、激情和应激 3 种。

1. 心境

心境是一种比较微弱且持久的情绪状态。它具有弥漫性的特点，往往影响着人的整个精神状态，并且在一段时间内，使周围的事物染上同样的情绪色彩。例如，喜悦的心情往往会使人感到心情舒畅，万事如意，办任何事情都顺利。而悲伤心情会使人感到凡事枯燥乏味，悲凉忧伤。所谓"忧者见之则忧，喜者见之则喜"，就是指人的心境。

一般来说，心境持续的时间较长，从几个小时到几周、几个月或者更长时间，主要取决于心境的各种刺激的特点与每个人的个性差异。例如，亲人去世，往往会使人处于较长时间的郁闷心境。而且个性差异对这种心境会带来不同的影响。抑郁质的人会助长这种郁闷的心境，而胆汁质的人可能会缩短或减缓这种心境。

心境对人的工作、生活、学习以及健康都有很大影响。积极、良好的心境会使人振奋、提高效率、有益于健康。而消极、不良的心境会使人颓丧、降低活动效率、有损健康。

有一天，卡特来到一家装潢讲究的珠宝店，走近柜台，顺手把一个手提包放在柜台上。他挑了一件挂件，觉得不理想，又挑了一件。

"请问这一挂件是哪里产的？"卡特问道。

"香港。"营业员热情地回答说。

应该说，这一挂件是很合他的心意的。但是，这时一个衣着讲究、仪表堂堂的男士推门走进珠宝店，也过来选珠宝。卡特礼貌地把自己的包移开，这位男士却愤怒地瞪了卡特一眼。他的眼神告诉卡特，他是个正人君子，绝对无意碰卡特的手提包。这位男士觉得自己受到了侮辱，重重地把门关上，走出了珠宝店，嘴里还说："哼，神经病！"

莫明其妙地被人这么嚷了一通，卡特非常生气，再也没有心思买珠宝了，随手放下已看中的挂件，出门开车回家了。

马路上的车像一条巨大而蠢笨的毛毛虫，缓慢地蠕动着，看着前后左右密密麻麻的车，卡特愈来愈生气，心情极为烦躁，真想狠狠地破坏一些东西。

不久，卡特的车与一辆大型卡车同时到达一个交叉路口。他心想，这家伙仗着他的车大，一定会冲过去的。当他下意识准备减速让行时，卡车却先慢了下来，司机将头伸出窗向卡特招招手，示意让他先过去，脸上挂着一个开朗愉快的微笑。

"嘟——嘟——"卡特摁了两声喇叭，表示对卡车司机的谢意，然后一踩油门，迅速将车子开过路口。这时，卡特突然发现，满腔的不愉快一下子全没了。

珠宝店中的男士不知从哪儿接受了愤怒，又把这种情绪传染给了卡特，带上这种情绪，卡特眼中的世界都充满了敌意，每件事、每个人好像都在和他作对。直到看到卡车司机灿烂的笑容，他用好心情消除了卡特的敌意。

2. 激情

激情是一种迅速强烈地爆发而时间短暂的情绪状态，如狂喜、绝望、暴怒等。在激情爆发时，常常会伴有明显的外部表现，如咬牙切齿、面红耳赤、捶胸顿足、拍案叫骂等，有时候甚至会出现痉挛性的动作或者言语混乱。激情的发生主要是由生活中具有重要意义的事件引起的。此外，过度的抑制和兴奋，或者相互对立的意向或愿望的冲突，也容易引起激情的状态。激情有积极与消极之分，积极的激情会成为激发人正确行动的巨大动力；而消极的激情常常对机体活动具有抑制的作用，或者引起人过分的冲动，令人作出不适当的行为。

伯牙和成连学琴，学了几年，弹出的声音却和成连不一样，他不明白，于是问成连。

成连微笑着说："我且问你，你演奏的时候是不是一直都感到你在弹琴？"

"那当然了。"伯牙更疑惑了。成连哈哈大笑起来："常言道，'师可教其法，不可教其心。'你学会了我的技巧，但修行还不到家，所以不能与乐曲融为一体、合二为一，时时还想着自己该如何拨动琴弦。"

伯牙若有所悟，问道："那么您在想什么呢？"

"曲子不同，感觉也就不一样。"成连看着伯牙，一副"只可意会，不可言传"的神态。

"那为何我在弹每一首曲子的时候，感情都是一样的呢？"伯牙诚恳地问。

"一样的感情，说明你没有感情。无感情地弹奏，听者不会动情，你缺少的正是这个。"

"那么您教我如何有感情吧！"伯牙央求道。

"哦……"成连沉吟片刻，"我只会教你弹琴，不会教你如何有感情。不过我有一个法子，就是你乘船到东海去体验一番，在东海上弹琴试试。"

于是伯牙抱着琴来到东海，海上风起浪涌，波涛汹涌的海水拍打着两岸的山石，发出巨大的轰鸣声。伯牙的小船随海浪时高时低，海水从四面冲向船舷，仿佛要把小船吞没。他抓住船帮，遥望蓬莱山，只见山上树木葱茏，山林杳冥，野兽出没，群鸟悲号。伯牙忽然感到悲情顿生，便弹起琴来。他紧闭双眼，感情如海水一样在胸中涌动，呼吸与琴声一起时快时慢。伯牙渐渐地感到自己随琴声在海浪与山间穿梭。就在这种激情之下，他弹出了名曲《水仙操》。

3. 应激

应激是指在出乎意料的情况下所引起的情绪状态。例如，人们遇到突然发生的火灾、水灾、地震等灾害时，刹那间，人的身心都会处于高度紧张状态。此时的情绪体验，就是应激状态。

在应激状态中，要求人们迅速地判断情况，瞬间作出选择，同时会引起机体一系列明显的生理变化，比如，心跳、血压、呼吸、腺体活动以及紧张度等都会发生变化。适当的应激状态，使人处于警觉状态之中，并通过神经内分泌系统的调节，使内脏器官、肌肉、骨骼系统的生理、生化过程加强，并促使机体能量的释放，提高活动效能。

而过度地或者长期地处于应激状态之中，会过多地消耗掉身体的能量，以致引起疾病或导致死亡。

人在应激状态下，一般会出现两种不同的表现：一种是情急生智，沉着镇定；另一种是手足无措，呆若木鸡。有些人甚至会出现临时性休克等症状。在应激状态下，人们会出现何种行为反应，是与每个人的个性特征、知识经验以及意志品质等密切相关的。

有一次，拿破仑骑着马正穿越一片树林，忽然听到一阵呼救声，情况很紧急，他扬鞭策马，朝着发出喊声的地方骑去。来到湖边，拿破仑看见一个士兵跌入湖里，一边挣扎，一边却向深水中漂去。岸边的几个士兵慌成一团，因为水性都不好，只能无可奈何地呼喊着。

拿破仑见此情景，便朝那几个士兵问道："他会游泳吗？""他只能扑腾几下，现在恐怕不行了。"一个士兵回答道。拿破仑立刻从侍卫手中拿过一支枪，朝落水的士兵大声喊道："你还往湖中爬什么，还不赶快游回来！"说完，朝那人的前方开了两枪。落水人听出是拿破仑的声音，也看到子弹射入水中，似乎增添了许多力量，只见他猛地转身，"扑通扑通"地向岸边游来，不一会儿就游到了岸边。落水的士兵被大家七手八脚救上岸来。小伙子惊魂初定，连忙向拿破仑致敬："陛下，我是不小心落入水中的，您为什么在我快要淹死时还要枪毙我呢？"拿破仑笑着说："傻瓜，我那只不过是吓你一下，要不然，你真的要淹死了！"经他这样一提醒，大家才恍然大悟，打心底更加佩服拿破仑足智多谋。

拿破仑的做法是很有道理的。士兵在这种应激时刻，已经丧失理智，手足失措，陷入慌乱之中，不能自救。对他开一枪，就能使他镇定，使其行为保持一种高度激活的状态。

凶手为何被"法液"吓死

情绪与健康有关吗？答案是肯定的。科学研究已经证实，良好的情绪可以防病、治病，有益于健康。不良情绪可以致病，甚至可以致死，损害健康。

从前，有一个人以为自己误吞了一枚缝衣针，就觉得特别不舒服，甚至感到喉咙已经肿了。后来，他发现了那枚遗失的针，才明白自己并没有吞针，满腔的疑虑解除，所有不舒服的感觉也就消失了。

有个岛上生活着一个未开化的民族村落。有一天，村里发生了一桩杀人案。村民相信巫师，为了查清罪犯，就请来了一名巫师。巫师心里嘀咕，如果查不出凶手，谁还会相信自己的法力呢？于是，他让所有的嫌疑分子都喝了"法液"——一种有一定毒性但不致毒死人的液体。并告诉他们，这种"法液"只对杀人凶手起作用，无辜的人不会有事。清白的人，坚信"法液"不会伤害自己，大胆地喝了下去，都安然无恙。但真正的凶手陷于绝望之中，由于心存恐惧，"法液"使他的身体受到了很大的伤害，没有多久就死去了。

通过以上的事例可以看出，积极的情绪状态可以增强动物或人的抵抗力，消极的情绪状态则会对身体构成伤害。我国古代就有"内伤七情"之说，认为当人的"喜、怒、忧、思、悲、恐、惊"7种情绪过度时，就会使人产生生理疾病。

当人的需要得不到满足时，会使人产生消极的情绪体验，如愤怒、憎恨、悲愁、焦虑、恐惧、苦闷、不安、沮丧、忧伤、嫉妒、耻辱、痛苦、不满等。任何事物都有好、坏两个方面的特征，消极情绪也不例外，一方面，它是机体为适应环境而作出的必要反应，能动员机体的潜在能力，努力使自己适应变化的环境；另一方面，消极情绪是一种人体心理的不良紧张状态，会导致高级神经活动的机能失调，过分地刺激人的器官、肌肉及内分泌腺，使人体失去身心平衡，从而对机体的健康产生十分不利的影响。

现代心理学、生理学和医学的研究成果表明，情绪对人的健康具有直接的作用，可以说，情绪主宰着健康。

1. 良好的情绪能促进身心健康

欢乐、愉快、高兴、喜悦等，都是积极良好的情绪体验。这些情绪的出现，能提高大脑及整个神经系统的活力，使体内各器官的活动协调一致，有助于充分发挥整个机体的潜能，有益于身心健康，提高学习、工作的效率。

我们看到报纸或电视中报道过很多抗癌"明星"的动人故事，他们大都以乐观向上的积极情绪，创造了战胜死神的奇迹。

良好情绪能增强机体活力，从而提高免疫力，并减少神经系统、消化系统等疾病。许多临床实践表明，积极开朗的情绪对治愈疾病大有好处。长寿者的共同特点之一，就是心情愉快、乐观豁达、心平气和、笑口常开。心情愉快还会改变一个人的青春容貌，使人容光焕发、神采奕奕，正所谓"人逢喜事精神爽"。

2. 不良情绪影响身心健康

不良情绪主要有两种，一种是过度的情绪反应，另一种是持久性的消极情绪。

过度的情绪反应是指情绪反应过分强烈，超过了一定的限度，如狂喜、暴怒、悲痛欲绝、激动不已等。持久性的消极情绪是指在引起悲、忧、恐、惊、怒等消极情绪的因素消失后，仍数日、数周，甚至数月沉浸在消极状态中不能自拔。

目前，大量的实验研究和临床观察都已证明，不良情绪会危害人的身心健康。一方面，这种情绪的出现可使人的整个心理活动失去平衡；另一方面，会造成生理机制的紊乱，从而导致各种躯体疾病。

在过度的情绪反应或持久性的消极情绪的作用下，神经系统的功能会受到影响。突然而强烈的紧张情绪的冲击，会抑制大脑皮层的高级心智活动，打破大脑皮质的兴奋和抑制之间的平衡，使人的意识范围变得狭窄，正常判断力减弱，甚至有可能使人精神错乱、神志不清、行为失常。许多反应性精神病就是这样引发的。持久性的消极情绪，常常会使人的大脑机能严重失调，从而导致各种神经症和精神病。据调查，大学生中常见的焦虑症、抑郁症、强迫症、神经衰弱等心理问题和疾病，大多与不良情绪有着密切的关系。

不良情绪不仅会对人的心理健康产生很大危害，而且会损害人的生理健康。我们周围有许多人，一面临重大抉择或工作挑战，就会出现各种程度的身体不适。如失眠、食欲不振、注意力不集中、偏头痛、皮炎、瘙痒、腰酸等，这些都是紧张、焦虑所致。此外，紧张可引发高血压，而兴奋导致脑溢血，忧郁易致肺结核，林黛玉就是因长期忧郁患了肺结核，以致英年早逝。此外，消极情绪会造成心血管机能紊乱，影响消化系统和内分泌系统的功能。

由此可见，不良情绪会对人的身心带来很大的危害，我们要学会控制坏情绪，保持好情绪。

第八章

做自己心情的主人

消融紧张的战术

心理学家认为，紧张是一种有效的反应方式，是应付外界刺激和困难的一种准备。有了这种准备，便可产生应付瞬息万变的力量，因此紧张并不全是坏事。然而，持续的紧张状态，会严重扰乱机体内部的平衡，给身心健康带来无法估量的损害，所以我们要力争克服这种心理。

具体如何克服紧张心理，可以尝试以下几种方法。

1. 暂时避开

当事情不顺利时，你可以暂时避开一下，去看看电影或去看看书，或做做游戏，或去随便走走，改变环境，这一切能使你感到松弛。强迫自己"保持原来的情况，忍受下去"，无非是在自我惩罚。当你的情绪趋于平静，而且你和其他相关的人均处于良好的状态，可以解决问题时，你再回来着手解决你的问题。

2. 每天晚上作一次反省

想想看："我感觉有多累？如果我觉得累，那不是劳心的缘故，而是我工作的方法不对。"丹尼尔·乔塞林说过："我不以自己疲累的程度去衡量工作绩效，而用不累的程度去衡量。"他说："一到晚上觉得特别累或容易发脾气，我就知道当天工作的质量不佳。"如果全世界的商人都懂得这个道理，那么，因过度紧张所引起的高血压死亡率就会在一夜之间下降，我们的精神病院和疗养院也不会人满为患了。

3. 谦让

如果你觉得自己经常与人争吵，就要考虑自己是否过分主观或固执。要知道，这类争吵将给周围的亲人，特别是给孩子的行为带来不良的影响。你可以坚持自己认为正确的东西，静静地去做，给自己留有余地，因为你也可能是错误的。即使你是绝对正确的，你也可按照自己的方式稍作谦让。这样做了以后，通常你就发觉别人也会这样做的。

4. 尽量在舒适的环境中工作

记住，身体的紧张会导致肩痛和精神疲劳。

人生有压力是不可避免的，谁还没有点儿烦琐难熬的事儿呢？既然明白了这一点，就要学会自我"减压"，举重若轻，化解紧张。同时，可以用抑制下来的精力去做一些有意义的事情。例如，做一些诸如园艺、清洁、木工等工作，或者是打一场球或散步，以平息自己的怒气。

5. 把烦恼说出来

当有什么事烦扰你的时候，应该说出来，不要存在心里。把你的烦恼向你值得信赖的、头脑冷静的人倾诉，如你的父母、丈夫或妻子、挚友、老师、学校辅导员等等。

6. 改掉乱发脾气的习惯

当你感到想要骂某个人时，你应该尽量克制一会儿，把它拖到明天。

防止冲动的战术

一些心理学家表示，冲动行为是一种司空见惯的强力反抗行为，是强烈愿望的一种表达形式。

近几年，研究精神病、上瘾症和冲动行为的科学家大量涌现，他们在四处寻找冲动形成的缘由。最新的研究表明，冲动与抽烟、酗酒和吸毒有关。自杀倾向高的人和饮食有问题的青少年比较冲动。好斗、好赌、严重病态人格和注意力不集中的人，冲动倾向高。据美国去年完成的一项全国精神调查显示，大约有9%的美国人有冲动问题。

事实上，冲动的情绪其实是最无力的情绪，也是最具破坏性的情绪。许多人都会在情绪冲动时做出使自己后悔不已的事情来，因此，应该采取一些积极有效的措施来控制自己冲动的情绪。

第一，调动理智控制自己的情绪，使自己冷静下来。在遇到较强的情绪刺激时，应强迫自己冷静下来，迅速分析一下事情的前因后果，再采取表达情绪或消除冲动的"缓兵之计"，尽量使自己不陷入冲动鲁莽、简单轻率的被动局面。比如，当你被别人无聊地讽刺、嘲笑时，如果你顿显暴怒，反唇相讥，则很可能导致双方争执不下，怒火越烧越旺，自然于事无补。但如果此时你能提醒自己冷静一下，采取理智的对策，如用沉默作为武器以示抗议，或只用寥寥数语正面表达自己受到伤害，指责对方无聊，那么对方反而会感到尴尬。

第二，用暗示、转移注意法。使自己生气的事，一般都是触动了自己的尊严或切身利益，很难一下子冷静下来，所以当你察觉到自己的情绪非常激动，眼看控制不住时，可以及时采取暗示、转移注意力等方法自我放松，鼓励自己克制冲动。言语暗示如"不要做冲动的牺牲品""过一会儿再来应付这件事，没什么大不了的"等，或转而去做一些简单的事情，或去一个安静平和的环境中，这些都很有效。人的情绪往往只需要几秒钟、几分钟就可以平息下来。但如果不良情绪不能及时转移，就会更加强烈。比如，忧愁者越是朝忧愁方面想，就越感到自己有许多值得忧虑的理由；发怒者越是想着发怒的事情，就越感到自己发怒完全应该。

在冷静下来后，思考有没有更好的解决方法。在遇到冲突、矛盾和不顺心的事时，不能一味地逃避，还必须学会处理矛盾的方法，一般采用以下几个步骤。

（1）明确冲突的主要原因是什么，双方分歧的关键在哪里。

（2）解决问题的方式可能有哪些。

（3）哪些解决方式是冲突一方难以接受的。

（4）哪些解决方式是冲突双方都能接受的。

（5）找出最佳的解决方式，并采取行动，逐渐积累经验。

第三，平时可进行一些有针对性的训练，培养自己的耐性。可以结合自己的业余兴趣、爱好，选择几项需要静心、细心和耐心的事情来做，如练字、绘画、制作精细的手工艺品等，不仅陶冶性情，还可丰富业余生活。

同时，由于许多人自制力较差，往往从理智上也想自我锤炼，积极进取，但在感情和意志上控制不了自己。所以，要想防止冲动，就要成为一个自制力强的人。具体可以通过以下几点培养自己。

1. 自我分析，明确目标

一是对自己进行分析，找出自己在哪些活动中、何种环境中自制力差，然后拟出培养自制力的目标步骤，有针对性地培养自己的自制力。二是对自己的欲望进行剖析，扬善去恶，抑制自己的某些不正当的欲望。

2. 提高动机水平

心理学的研究表明，一个人的认识水平和动机水平，会影响一个人的自制力。一个成就动机强烈、人生目标远大的人，会自觉抵制各种诱惑，摆脱消极情绪的影响。无论他考虑什么问题，都会着眼于事业的进取和长远的目标，从而获得一种控制自己的动力。

3. 从日常生活小事做起

人的自制力是在学习、生活和工作中的千百万小事中培养、锻炼起来的。许多事情虽然微不足道，却影响到一个人自制力的形成。如早上按时起床、严格遵守各种制度、按时完成学习计划等，都可积小成大，锻炼自己的自制力。

4. 绝不让步迁就

培养自制力，要有毫不含糊的坚定和顽强。不论什么事情，只要意识到它不对或不好，就要坚决克制，绝不让步和迁就。另外，对已经作出的决定，要坚定不移地付诸行动，绝不轻易改变和放弃。如果执行决定半途而废，就会严重地削弱自己的自制力。

5. 经常进行自警

当学习时忍不住想看电视时，马上警告自己要管住自己；当遇到困难想退缩时，马上警告自己别懦弱。这样往往会唤起自尊，战胜怯懦，成功地控制自己。

6. 进行自我暗示和激励

自制力在很大程度上表现在自我暗示和激励等意念控制上。意念控制的方法有，在你从事紧张的活动之前，反复默念一些树立信心、给人以力量的话，或随身携带座右铭，时时提醒激励自己。在面临困境或身临危险时，利用口头命令，如"要沉着、冷静"，以组织自身的心理活动，获得精神力量。

7. 进行松弛训练

研究表明，失去自我控制或自制力减弱，往往发生在紧张心理状态中。若此时进行些放松活动或按摩等，则可以提高自控水平。因为放松活动可以有意识地控制心跳加快、呼吸急促、肌肉紧张等状况，获得生理反馈信息，从而控制和调节自身的整个心理状态。

消除坏心情的战术

就像月亮有阴晴圆缺一样，人的心情同样有晴有雨。那么，当坏心情不期而至时，我们该怎么办呢？

一般来说，消除坏心情主要有两大途径。下面，我们就一起来看一下吧。

途径一：疏导法

不良情绪是破坏心理健康的常见原因，是健康的大敌。保持心理健康的一个重要手段，就是及时排解不良情绪，把心中的不平、不满、不快、烦恼和愤恨统统及时倾泻出去。请记住，哪怕是一点儿小小的烦恼，也不要放在心里。如果不把它发泄出来，它就会越积越多，乃至引起最后的总爆发，导致一些疾病的产生。

良好的情绪可以成为事业和生活的动力，而不良的情绪危机会对身心健康产生极大的破坏作用。据医学界研究表明，对健康损害最大的情绪依次是抑郁、焦虑、急躁、孤立、压力等。长期持有这些消极情绪，很容易引起各种疾病，或使病情加重。

过平静、舒适的生活是人们的愿望，人人都希望生活中充满欢笑。然而事实上，人世间的事物不可能尽善尽美，皆遂人愿，"天有不测风云，人有旦夕祸福"，失败、挫折、矛盾、不幸，从不放过任何人，并对人的精神状态产生各种影响。古人云："忍泣者易衰，忍忧者易伤。"如果你在日常生活中遇到令人烦恼、怨恨、悲伤或愤怒的事情，又强行将它压抑在自己的心里，就会影响你的身心健康。因为人的声调、表情、动作的变化以及泪液的分泌等，可以被意志控制，而心脏活动和血管、汗腺的变化，肠、胃、平滑肌的收缩等随着情绪而变化，不受人的主观意志控制。

因此，当人们遭遇负面生活事件并引起不良情绪时，千万不要强硬压制自己的感情，应当学会自我解除精神压抑。

怎样才能最有效地解除精神上的压抑呢？手段之一是发泄，即在不危害社会和他人、不影响家庭的情况下，发泄一下自己的情绪。可采用以下方法。

（1）一分为二法。在人生的历程中，不可避免会有挫折和失败。在遭遇挫折和打击时，要有坚强的意志和承受能力，要让自己的心理处于乐观、理智、积极的状态中，这样才能迅速走出情绪的"低谷"，以保持身体的健康。

困境和挫折，绝非人们所希望的，因为它们会给人带来心理上的压抑和焦虑。善于心理自救者，能把这种情绪升华为一种力量，引至对己、对人、对社会都有利的方向，在获得成功的满足时，消除心理压抑和焦虑，达到积极的心理。古之文王、仲尼、屈原、左丘、孙子、吕不韦、韩非、司马迁等，之所以为后世传颂，就在于他们在灾难性的心理困境中以升华拯救了自己，塑造了强者的形象。

（2）补偿法。人无完人，一个人在生活或心理上难免有某些缺陷，因而影响某一目标的实现。人会采取种种方法弥补这一不足，以减轻或消除心理上的困扰。这在心理学上称为补偿作用。一种补偿是以另一个目标来代替原来尝试失败的目标。如日本著名指挥家小泽征尔，原是专攻钢琴的。他手指摔伤后，十指的灵敏度受到影响，曾一度十分苦恼。后来他毫不犹豫地改学指挥而一举成名，从而摆脱了心理困扰。另一种补偿是凭借新的努力，转弱为强，达到原来的目标。希腊政治家狄塞西尼斯因发音微弱和轻度口吃而不能演讲，他下决心练习口才，把小卵石放在嘴里练习讲话，并面对着大海高声呼喊。最终，他成为了世界闻名的大演说家。

（3）不满发泄法。当不良情绪来临时，要疏导、分解，而不能抑制、阻塞。释放可以是发泄，可以是倾诉，可以是表达。发泄可以是身体运动式的发泄，也可以是言语上的发泄，但要通过适当的途径来排解和宣泄，不能伤到他人，无论是语言上还是行为上。

据说，美国某任总统的办公室内设有一装满细沙的沙箱，用于必要时宣泄心中的怒气。这实在是明智之举，是智者和强者所为，因为这是陷入极度心理困境的即时性的最佳自救策略。

（4）回避法。当人们陷入心理困境时，最先也是最容易采取的便是回避法，躲开、不接触导致心理困扰的外部刺激。在心理困境中，人的大脑里往往会形成一个较强的兴奋中心，回避了相关的外部刺激，可以使这个兴奋中心让位给其他刺激以引起新的兴奋中心。兴奋中心转移了，也就摆脱了心理困境。

（5）语言调节法。语言对情绪有重要的影响，当你悲伤、愤怒、焦虑不安时，可以朗读幽默的诗句，或颇有哲理性的格言，如"留得青山在，不怕没柴烧""比上不足，比下有余""难得糊涂"，或用"制怒""忍""冷静"等字句来自我提醒、自我安慰、自我解脱，以调节自己的情绪。

环境对情绪有重要的制约和调节作用。当情绪压抑的时候，可以到外面走一走，去逛逛公园，到野外散步、爬山、旅游，或到娱乐场所做做游戏，看看电影、戏曲、电视剧。如果口袋里没有足够的钱或者不想过度花钱，那么就穿上运动服跑上3000米吧！

途径二：变通法

医学专家把焦虑、抑郁、愤怒、恐惧、沮丧、悲伤、痛苦、紧张等不良情绪叫作负面情绪。负面情绪若超过人体生理活动所能调节的范围，就可能与其他内外因素交织在一起，引发多种疾病。从下面的故事来看，消除负面情绪是保持良好人际关系、保持身心健康的重要手段。

明朝开国皇帝朱元璋喜爱钓鱼。一天，他命才子解缙和自己一起到御花园钓鱼，解缙一连钓了好几条，而朱元璋的渔竿毫无动静，他不禁面带怒色。

解缙眉头一皱，笑着对皇上说："启奏万岁，那小小的鱼儿是个非常机灵、识礼的小东西。"朱元璋一时不解其意，解缙稍加思索，吟道："数尺丝纶落水中，金钩抛去永无踪。凡鱼不敢朝天子，万岁君王只钓龙。"

一听此诗，朱元璋便转怒为喜了。

若想消除负面情绪，最根本的方法就是思维方式的调整，即变通思维方式，也就是我们平时所说的换一个角度看问题。

正所谓，"塞翁失马，焉知祸福"。人世间的好事与坏事都不是绝对的，在一定的条件下，坏事可以引出好的结果，好事也可能会引出坏的结果。上述故事就是思维变通的典型案例。

当然，在调整思维方式的同时，你可以试着使用下面这些简单的方法消除负面情绪。

（1）釜底抽薪法。当一方气盛难平时，另一方要心平气和、冷静沉着，以使对方怒气消散，即力求釜底抽薪，避免火上浇油，切忌针尖对麦芒。实践证明，退一步海阔天空，让三分风平浪静。

（2）精神转移法。愤怒或忧伤时，头脑中会产生强烈的兴奋中心，此时可暂时离开这个环境，通过做别的事寻找一些"新刺激"，让新的兴奋冲淡或抵消原有的不良情绪。

（3）"小事糊涂"法。在实际生活中，许多人往往不能控制自己的情绪，遇到不顺心的事，要么借酒消愁，要么以牙还牙，更有甚者轻生厌世，这些都是错误的做法。而"小事糊涂"既能使非原则的矛盾悄然化解，也可使紧张的人际关系变得宽松，使人以开阔的胸怀接纳他人而不致挑起无谓的争端。

（4）自嘲自解法。如自我嘲弄自己的愚昧、无知、缺陷，甚至狼狈相。这样不仅不会贬低自己，还会缓解情绪，分散自己的精神压力。要多看别人的长处，想到自己的短处，自觉调整自己的意识和行为。

当遇到烦恼时，学会暗示自己"一切都将过去""破财免灾""知足常乐"等，这样心情就会放松，头脑就会冷静下来。

第九章

性格真的能决定命运吗

"你怎么总是这样"

在遇到分歧的时候，我们似乎总能听到这样的对白："你怎么总是这样""我就是这样，怎么着吧"……正所谓"江山易改，本性难移"。每个人都有自己长时间形成的、很难改变的"本性"，即我们的"人格"。

人格是一个心理学术语，类似于我们平常说的个性，是指一个人与社会环境相互作用，表现出的一种独特的行为模式、思维模式和情绪反应的特征，也是一个人区别于他人的特征之一。因此人格就表现在思维能力、认识能力、行为能力、情绪反应、人际关系、态度、信仰、道德价值观念等方面。人格的形成与生物遗传因素有关，但是人格是在一定的社会文化背景下产生的，所以也是社会文化的产物。

从心理学角度讲，人格包括两部分，即性格与气质。性格是人稳定个性的心理特征，表现在人对现实的态度和相应的行为方式上。从好的方面讲，人对现实的态度包括热爱生活，对荣誉的追求，对友谊和爱情的忠诚，对他人的礼让、关怀和帮助，对邪恶的仇恨等；人对现实的行为方式包括举止端庄、态度温和、情感豪放、谈吐幽默等。人们对现实的态度和行为模式的结合，构成了一个人区别于他人的独特的性格。在性格这个问题上，有人曾说，人的性格不仅表现在做什么，而且表现在怎么做。"做什么"说明一个人在追求什么、拒绝什么，反映了人对现实的态度；"怎么做"说明人是怎么追求的，反映了人对现实的行为方式。性格从本质上表现了人的特征，而气质就好像是给人格打上了一种色彩、一个标记。气质是指人的心理活动和行为模式方面的特点，赋予性格光泽。同样是热爱劳动的人，可是气质不同的人表现就不同：有的人表现为动作迅速，但粗糙一些，这可能是胆汁质的人；有的人很细致，但动作缓慢，可能是黏液质的人。气质和性格就这样构成了人格。

人格很复杂，它是由身心的多方面特征综合组成的。人格就像一个多面的立方体，每一方面均为人格的一部分，但又不各自独立。人格还具有持久性。人格特质的构成是一个相互联系的、稳定的有机系统。张三无论何时何地都表现出他是张三；李四无论何时何地也都表现出他是李四。一个人不可能今天是张三，明天又变成李四。

从前，有一个地方住着一只蝎子和一只青蛙。一天，蝎子想过一条大河，但不会游泳，于是它央求青蛙："亲爱的青蛙先生，你能载我过河吗？"

"当然可以。"青蛙回答道，"但是，我怕你会在途中蜇我，所以，我拒绝载你过河。"

"不会的。"蝎子说，"我为什么要蜇你呢，蜇你对我没有任何好处，你死了我也会被淹死。"

虽然青蛙知道蝎子有蜇人的习惯，但又觉得它的话有道理，青蛙想，也许这一次它不会蜇我。于是，青蛙答应载蝎子过河。青蛙将蝎子驮到背上，开始横渡大河。就在青蛙游到大河中央的时候，蝎子实在忍不住了，突然弯起尾巴蜇了青蛙一下。青蛙开始往下沉，它大声质问蝎子："你为什么要蜇我呢？蜇我对你没有任何好处，我死了你也会沉到河底。"

"我知道，"蝎子一面下沉，一面说，"但我是蝎子，蜇人是我的天性，所以我必须蜇你。"说完，它们一起沉到了河底。

正如上面这个故事所表现出来的，人格具有稳定性。在行为中偶然发生的、一时性的心理特征，不能称为人格。例如，一位性格内向的大学生，在各种不同的场合都会表现出沉默寡言的特点，这种特点从入学到毕业不会有很大的变化。

也不排除其发展和变化，人格的稳定性并不意味着人格是一成不变的。人格变化有两种情况。第一，人格特征随着年龄增长，其表现方式也有所不同。同是焦虑特质，在少年时代表现为，对即将参加的考试或即将考入的新学校心神不定，忧心忡忡；在成年时表现为，对即将从事的一项新工作忧虑烦恼，缺乏信心；在老年时则表现为，对死亡的极度恐惧。也就是说，人格特性以不同行为方式表现出来的内在秉性的持续性是有其年龄特点的。第二，对个人有重大影响的环境因素和机体因素，例如，移民异地、严重疾病等，都有可能造成人格的某些特征（如自我观念、价值观、信仰等）的改变。

不过，需要注意，人格改变与行为改变是有区别的。行为改变往往是表面的变化，是由不同情境引起的，不一定都是人格改变的表现。人格的改变则是比行为更深层的内在特质的改变。所以，你如果想改造一个人，应该明白，这种改变是有限的。

不同的人，不同的气质

我们先来看这样一个故事：

有一对孪生兄弟，一个出奇的乐观，一个却非常悲观。

有一天，他们的父亲欲对他们进行"性格改造"。于是，他把那个乐观的孩子锁进了一间堆满马粪的屋子里，把悲观的孩子锁进了一间放满漂亮玩具的屋子里。

一个小时后，他们的父亲走进悲观孩子的屋子里，发现他坐在一个角落里，一把鼻涕一把眼泪地哭泣。父亲看到悲观的孩子泣不成声，便问："你怎么不玩那些玩具呢？""玩了就会坏的。"孩子仍在哭泣。

当父亲走进乐观孩子的屋子时，发现孩子正兴奋地用一把小铲子挖着马粪，把散乱的马粪铲得干干净净。看到父亲来了，乐观的孩子高兴地叫道："爸爸，这里有这么多马粪，附近肯定会有一匹漂亮的小马，我要给它清理出一块干净的地方来！"

一对孪生兄弟何以会有如此大的差别呢？其实，这是因为他们的气质不同。

我们常说的气质，指的是在情绪反应、活动水平、注意力和情绪控制方面所表现出来的稳定的质与量方面的个体差异，即我们平常所说的脾气、秉性。人的气质是先天形成的，孩子一出生，最先表现出来的差异就是气质差异。气质是人的天性，它只给人们的言行涂上某种色彩，但不能决定人的社会价值，也不直接具有社会道德评价含义。气质不能决定一个人的成就，任何气质的人经过自己的努力，都可能在不同实践领域中取得成就，也可能成为平庸无为的人。

古希腊著名医生希波里特（公元前460—前377年）很早就观察到人有不同的气质，他认为人体内有4种体液：血液、黏液、黄胆汁和黑胆汁。希波里特根据人体内的这4种体液的配合比例，将人的气质划分为4种不同的类型。

多血质：体液中血液占优势；

黏液质：体液中黏液占优势；

胆汁质：体液中黄胆汁占优势；

抑郁质：体液中黑胆汁占优势。

下面的这个故事，形象地描述了在同一情境中，4种气质类型的人的不同表现。

4种不同气质类型的人去剧院看戏，但同时都迟到了。检票员拦在门口，告诉他们不能进入，只有等到这一幕结束，幕间休息时才能进入。

这时，胆汁质的人与检票员吵了起来，企图进入剧院。他分辩说戏院的表走快了，他进去不会影响别人，并且企图推开检票员闯进剧院。

多血质的人面对这样的情形，立刻明白，检票员是不会让他进去的，但他猜楼上应该有小门，就跑到楼上看看能不能从小门进去。

黏液质的人看到检票员不让他进入戏院，就想："第一场大概不精彩吧！我还是暂时到小卖部喝点茶，等幕间休息再来吧！"

抑郁质的人则会想："我老是不走运，偶尔来一次戏院，就这么倒霉。"接着就回家去了。

接下来，我们再看一下上述4种气质各具有哪些典型的特征。

1. 多血质

灵活性高，易于适应环境变化，善于交际，在工作、学习中，精力充沛而且效率高；对什么都感兴趣，但情感兴趣易于变化；有些投机取巧，易骄傲，受不了一成不变的生活。代表人物：韦小宝、孙悟空。

2. 黏液质

反应比较缓慢，坚持而稳健地辛勤工作；动作缓慢而沉着，能克制冲动，严格恪守既定的工作制度和生活秩序；情绪不易激动，也不易流露感情；自制力强，不爱显露自己的才能；固定性有余，而灵活性不足。代表人物：鲁迅。

3. 胆汁质

情绪易激动，反应迅速，行动敏捷，暴躁而有力；性急，有一种强烈而迅速燃烧的热情，不能自制；在克服困难方面有坚忍不拔的劲头，但不善于考虑能否做到；工作有明显的周期性，能以极大的热情投身于事业，也准备克服且正在克服通向目标的重重困难和障碍，但当精力消耗殆尽时，便失去信心，情绪顿时转为沮丧而一事无成。代表人物：张飞、李逵。

4. 抑郁质

高度的情绪易感性，主观上把很弱的刺激当作强作用来感受，常为微不足道的原因动感情，且有力持久；行动表现上迟缓，有些孤僻；遇到困难时优柔寡断，面临危险时极度恐惧。代表人物：林黛玉。

气质本身并没有好坏之分，因为任何一种气质类型都有其积极的一面和消极的一面。例如，多血质的人灵活、亲切，但是轻浮、情绪多变；黏液质的人沉着、冷静、坚毅，但是缺乏活力，冷淡；胆汁质的人积极、生气勃勃，但是暴躁、任性、感情用事；抑郁质的人情感深刻、稳定，但是孤僻、羞怯。因而，我们要注意发扬气质中积极的方面，克服消极的方面。

人的性格可以改变吗

有的人锋芒毕露，挫折不断；有的人孤僻高傲，怀才不遇；有的人大智若愚，青云直上；有的人热情大度，生活快乐；有的人刻意求全，郁郁寡欢。这一切都与一个人的性格有直接关系，性格有时会决定一个人的一生，因此我们有必要对我们的性格进行塑造，以培养健康的性格。健康的性格是人们达到物质满足后的高生活水准，它能使人们的生活变得更加优质。

每个人的性格都不可能是完美的，总会有这样那样的缺陷。因此，及时发现自己的性格缺陷并努力完善它是非常重要的。这个世界上没有最好的性格，只有更好的性格。我们只有不断地优化自己的性格，才能赢得人生。

"人上一百，各样各色。"性格是造成人与人差别的重要因素。但性格本身没有优劣之分，外向的人有其长处，也有不足；内向的人有其优点，也有"毛病"。健康的性格并不以外向、内向来衡量，只要能最大限度地发挥自己性格的优势，排除自己的弱点，就算是一个性格健康的人。

具有健康性格的人，必须具备以下两个方面的条件。

1. 悦纳自我

一个性格健康的人能够体验到自己存在的价值。他们了解自我，有自知之明，乐于接受自己。而不良性格的人缺乏自知之明，对自己总是不满意。

2. 悦纳他人

善于与他人相处。性格健全的人，乐于与人交往，乐于接纳别人，人际关系和谐，能与集体融为一体。在与人相处时，积极的态度总是多于消极的态度。而性格不健全的人往往不合群，脱离集体，不能与人和谐地相处。

心理学者杰拉德指出，能将内心对重视你的人敞开，是健康性格的重要特征。同时，要拥有健康的性格，向别人开放自己的内心是最好的办法。

通常，为了适应社会的各种要求，不与社会发生冲突，大部分人都必须相当程度地压抑自己。在社会生活中这是必需的，只是，若压抑过度就会产生身心障碍。所以杰拉德强调，即使在社会生活中频频压抑自己，至少也要有一处可以倾诉、发泄胸中的郁闷和不满情绪的地方。这是拥有健康性格的必要条件之一。但是，自我开放并非越高越好。

人与人之间的交往，若一方抱着很高的期望，另一方却关起心灵的大门，那么两个人便无法沟通和交往。所以，敞开自己绝对是发展亲密朋友关系的基本条件。然而，一见面或在公开场合过度吐露自己细腻复杂的心情，恐怕只会令听者大惑不解、不知所措。所以，自我开放必须看场合，而且要适可而止，才能培养健康的性格。

健康性格的培养是一个漫长的过程，需要具备以下 3 种能力。

1. 超强的自控能力

性格培养是一个与自己斗争、较劲的艰苦且长期的工程，如果不能控制自己，则无从谈起；如果你是一个容易发怒的人，而你想培养一种豁达、宽容的性格，那么在你要发火的时候，一定要强行压制怒火，一旦你不能控制，再长的时间也培养不了健康的性格。

2. 科学的方法

性格其实与人的生理（如血型、基因）、习惯、家庭环境等诸多因素有关，方法不科学，往往适得其反，严重的还会引发心理（如强迫症）或生理疾病。实际生活中要认识到性格培养不是立竿见影的事，一定要树立打持久战的思想。方法上要从易到难，步步为营，先从容易的做起，当尝到甜头后，就会增强信心。要一步一个脚印，打好扎实的基础，切忌反复。

3. 客观的自我认识

你要对自身进行深刻的反思或反想，对自己有个客观的认识，这样你在确定目标和方法时就会有很强的针对性；简单地、移花接木式地照搬别人的经验，往往会导致失败。

有一句话说得好："世界上最难的往往不是战胜别人，而是战胜自己。"有心人天不负，百二秦关终属楚，相信你一定会成功的。

第十章
如何与不同性格的人打交道

对心高气傲者：赞美向左，设难题向右

在人际交往中，有些人以自己的地位、学识、年龄等优势自居而表现出一种傲气，或者极端地蔑视他人，或者大肆地攻击他人，有的甚至肆意侮辱他人。

初次与高傲者打交道，首先要有足够的思想准备，遭到冷遇时不要灰心丧气。为此，就要经得起刺激，善于以忍让、坚韧的精神，与之周旋，这样就为战胜对手奠定了思想基础。其次，要树立强烈的自信心和必胜信念，从心理上先战胜他。如果你一见傲者心里就敲小鼓、怵头，那么，你已经在心理上打了败仗，是绝无取胜希望的。最后，要把胜负的目标定在交际的最后结果上，不要过分计较对方的态度、语气、语言，一切要以取得胜利为目的。

高傲者多看重自我形象，对自我评价较高，自我感觉良好。与这种人打交道，不妨对其业绩、学识、才能等给以实事求是的赞美，使其荣誉心、自尊心得到满足。这样就可以从心理上缩短距离，同样能起到左右他们态度的作用。

有位生性高傲的处长，一般生人很难接近他，他生硬、冷漠的面孔，常使人望而却步。有位外地来的办事员听说了他的脾气，一见面就微笑着递了一支烟，说："处长，我一进门就有人告诉我，您是个爽快人，办事认真，富有同情心，特别是对外地人格外关照。我一听，高兴极了，我就爱和这样的领导共事，痛快！"这几句开场白，把处长捧得脸上立刻露出一丝笑容，接下来谈正事，果然大见成效。

一些人自恃知识广泛，阅历丰富，因而目空一切，压根儿就瞧不起别人，表现出一股不可一世的傲气。对付这种傲气者，只要巧妙地设置一个难题，就可抑制其傲气。这是因为，不管其知识多么广博，阅历多么丰富，在这个大千世界，一个人的认知毕竟是有限的，对方

一旦发现自己也存在知识缺陷，其傲气自然烟消云散了。

在一次国际会议期间，一位西方外交官非常傲慢地对中国一位代表提出一个问题："阁下在西方逗留了一段时间，不知是否对西方有了一点开明的认识。"

我国代表淡然一笑，回答道："我是在西方接受教育的，40年前在巴黎受过高等教育，对西方的了解可能比你少不了多少。现在请问，你对东方了解多少？"

对我国代表的提问，那位外交官茫然且不知所措，满脸窘态，其傲气自然荡然无存了。

显然，我国代表所提出的问题，那位自以为知识丰富而满身傲气的外交官是无法回答的，因为他不了解东方的情况，因此不但没有显示自己丰富的知识，反而暴露了自己的无知，因此，还有什么傲气可言呢？

无疑，巧设难题抑制傲气者，所设置的难题一定要是对方无法回答的问题，因为只有这样，才能暴露对方的无知或者缺陷，从而挫其傲气。如果设置的问题对方能够回答，那么这样不但不会挫其傲气，相反会助长其傲气而使自己处于更难堪的境地。此外要注意，设置难题一定要巧妙，不露痕迹。

毫无疑问，任何人都不可能是十全十美的，都难免有自己的弱点，而傲气者一般都未发现自己的弱点，一旦别人抓住其弱点，攻击其傲气，使其看到自己的弱点，也就瓦解了其傲气的资本。

1959年，美国副总统尼克松赴苏联主持美国展览会。在尼克松赴苏前不久，美国国会通过了一项关于被奴役国家的决议。苏联领导人赫鲁晓夫对此极为不满。因此，当尼克松与他会晤时，他极端傲慢无礼，表现出一种从未有过的傲气，十分气愤且极端蔑视地对尼克松说："我很不了解，你们国会在这么一次重要的国事访问前夕，通过了这种决议。这使我想起了俄国农民的一句谚语——不要在茅房吃饭。你们这个决议臭得像刚拉下来的马粪，没有比这马粪更臭的东西了。"对这些傲慢无礼的言辞，尼克松毫不客气地回敬道："我想主席先生大概错了，比马粪还臭的东西是有的，那就是猪粪！"赫鲁晓夫听后，傲气大挫，不由得脸上泛起了一阵羞涩的红晕。原来他年轻时当过猪倌，毫无疑义闻过猪粪的气味，因此机智的尼克松立刻抓住赫鲁晓夫这一痛处，使赫鲁晓夫自讨了没趣，傲气也就烟消云散了。

当我们运用这种方法时，对于傲气者的弱点或者痛处一定要抓准，只有这样，才能动摇其傲气的根基，令其反思自己的行为，从而收敛自己的傲气。

一些傲气的人，别人越理睬他，他的傲气就越大。因而对这种傲气者采取不予理睬的态度，使其孤立，反而可以削弱甚至打掉其傲气。

我们采取上述方法对付傲气者，其目的是找到病源之后，使其改变影响人脉资源的不正常因素，促使其与他人正常地交往，因此在运用这些方法时，一定要抱着与人为善的态度，切不可嘲讽、讥笑，甚至侮辱他人的人格，否则就与我们的目的背道而驰了。

# 对性情孤僻者：动之以情

现实生活中有这样一种人，他们性格内向，整日禁锢在郁郁寡欢、焦躁烦恼的樊笼里，心境阴沉，缺乏生活乐趣。这种人，我们称之为"性格孤僻的人"。

这种类型的人，就算你很客气地和他打招呼、寒暄，他也不会作出你所预期的反应来。他通常不会注意你在说些什么，你甚至会怀疑他听进去了没有。你是否也遇到过这种人呢?

和这种人进行交涉，刚开始多多少少会感觉不安，但这实在也是没办法的事。

譬如，当你遇到 J 先生时，直觉马上告诉你：这是一个死板的人。此人体格健壮，说话带有家乡口音，至于他是怎样的一个人，你却不太清楚。除了从他的表情中可以察觉些许紧张之外，其他的一点儿也看不出来。

遇到这种情况，你就要花些工夫注意他的一举一动，从他的言行中寻找出他所真正关心的事来。你可以随便和他闲聊一些中性话题，只要能够使他回答或产生一些反应，那么事情也就好办了。接下去，你要好好利用此类话题，让他充分表达自己的意见。

譬如，当你们聊到有关保龄球时，J 先生的话就开始多了起来，这表示他对这种球类很有兴趣。他很起劲地谈到打球的姿势、球场的情况和自己最近的成绩……之前死板的表情竟一扫而空，代之以眉飞色舞。

每一个人都有他感兴趣、关心的事，只要你稍一触及，他就会滔滔不绝地说，此乃人之常情，因此你必须好好掌握好话题内容，并利用这种人性心理。

心理学家认为，人类得到情感上的满足有 4 个来源：恋爱、家庭、朋友和社会。一个人的孤独程度，取决于他同这 4 个方面的关系如何。

性格孤僻的人，往往表现为情感内向，不善于与人交流，整日禁锢在自己的天地，郁郁寡欢。他们往往是因为无法处理好以上4个关系，缺乏亲情、友情、爱情，才会导致这种性格。若要以朋友的身份与他们友好相处，必须做好4个方面的工作。不管性情孤僻者的孤僻源于什么，我们与之相处，都应给予温暖和体贴，让他们通过友谊，体会人间的温暖和生活的乐趣。因此，在学习、工作和生活的细节上，我们要多为他们做一些实实在在的事，尤其是当他们遇上自身难以克服的困难时，更应主动地站出来，帮忙解决。实践说明，只有友谊的温暖，才能消融他们心中的冰霜。性格孤僻的人，一般不爱说话。有时候尽管他们对某一事情特别关心，也不愿主动开口。不谈话，是难以交流思想感情的。因此，我们与之相处交谈时，既要主动，还要善于选择话题。一般来说，只要话的内容触到了他们的兴奋点，他们就会开口说话。

性格孤僻的人，往往喜欢抓住谈话中的细微环节，进行联想，胡乱猜疑。一句非常普通的话，有时也会引起他们不高兴，并久久铭记于心，以致产生很深的心理隔阂。这种隔阂，他们又不直接表露，而是以一种微妙的形式加以反映，使当事人难以察觉。因此，我们与之交谈，要特别留神，措辞、选句都要细加斟酌，疏忽大意是不行的。

在与性情孤僻的人有了初步的交往后，我们就应多引导他们读些相关的书籍，帮助他们树立正确的世界观、人生观、社会观，并在此基础上建立正确的友谊观、爱情观、婚姻观和家庭观，逐步和谐人际关系。经验表明，只有这样，才能使交往真正深入下去。

我们应该引导他们参加一些团体活动，促使他们从孤独的小圈子中解脱出来，投入社会的怀抱，变得开朗起来。在活动的内容和形式上，应考虑他们的特点，选择一些轻松愉快的主题。比如，听听轻音乐，唱唱卡拉OK，看看喜剧、体育比赛，游一游名胜古迹等。

孤僻的性格，并非一朝一夕形成的，有的已经形成了生活方式，很难改变。你要同他们打交道，有时难免会遭到冷遇，甚至不愉快。所以，必须有耐心，当他的心锁被你开启后，你们的友谊将与日俱增，你们终将成为挚友。

 对脾气急躁者：宽容忍让

性情急躁的人，容易兴奋，容易发怒，自我控制力差，动不动就发火。但这种人往往比较直率，不会搞什么阴谋诡计，而且他们重感情，重义气。如果以诚相待，他们便会视你为朋友。

那么，应如何对待性情急躁者的急躁与粗暴呢？

和性情急躁的人相处，可以采取宽容态度。当他对你发火时，你可以置之不理或一笑了之，不要在气头上与他争吵。

有一次歌德在公园散步，迎面碰到一个曾对他的作品提出尖锐批评的批评家。那位批评家性情急躁，他对歌德说："我从来不给傻子让路！"

"而我相反！"歌德幽默地说，同时对那个人微笑。

于是一场无谓的争吵避免了。

一句幽默的话语，一个微笑，也许是与性情暴躁的人相处的一个很好的武器，同时，赞扬可以助你一臂之力。这种人一般比较喜欢听奉承话，听好话。因此，我们要不失时机、恰如其分地赞扬他。与之交往，宜多采用正面的方式，而谨慎运用反面的、批评的方式。

第一，宽宏大量，一笑了之。

遇上性情急躁的人冒犯你时，你一定得保持头脑冷静，置之不理，或者瞪他一眼，或者一笑了之。这种"一笑了之"的笑，可以是泰然处之的微笑，可以是表示藐视的冷笑，也可以是略带讽刺的嘲笑……最好的是泰然处之的微笑，它不仅可以使你摆脱尴尬的局面，而且可以让对方知难而退，避免事态恶化。

第二，暂时忍让，避开锋芒。

当性情急躁者冒犯你时，如果你也是个急躁的人，急躁碰上急躁，针尖对麦芒，很容易着火。你应当压住心头的火，暂时忍让，避开锋

芒。待对方锋芒锐减时，你再充分地、轻言细语地说服对方，也可以讲事实、摆道理，消除对方的误会。

第三，开阔胸怀，宽宏大度。

只要你有宽阔的胸怀，你就会对别人的态度不加计较，对自己的行为勇于承担责任，做到任劳任怨。他吵，你不吵；他凶，你不凶；甚至他骂，你不骂。这样就吵不起来了。宰相肚里能撑船，只要你有温和的态度，有宽广的胸怀，有宽宏的"海量"，就会使本来发火的对方，火气消减，自感没趣，自然会收敛。

第四，察言观色，防患未然。

性情急躁的人，当他着火时，最容易对周围的一切人"发泄"。这时你应该迁就一下，如果你与他计较短长，就会成为他的"出气筒"。所以，你一定得察言观色，揣摩对方的心理状态，先退一步，然后待他情绪稳定下来时，再进两步向他说明一切。

气头上的人需要有一个同盟军，脾气急躁的人需要你，你就可以扮演这样的角色。事实上，危急紧要的时刻，可能有助于你的职业生涯更加成功，因为你有能力化解紧张的气氛，恢复平静的生活，从而有利于推动发怒者冷静后对不冷静态度的反思，使你们之间的关系得以增进和发展。

对深藏不露者：静观其变，区别对待

我们周围存在许多深藏不露的人，他们不肯轻易让人了解自己的心思，或让人知道他们在想些什么。有时甚至说话不着边际，一谈到正题就顾左右而言他，自我防范心理极强。

有的人际交往，其目的是了解彼此情况，以利于相互的合作或问题的解决。因此，彼此都会挖空心思去"刺探"对方的情报，以期使对方露出他的"庐山真面目"来。

但是，当你遇到这么一个深藏不露的人时，你只有把自己预先准备好了的资料拿给他看，让他根据你所提供的资料，作出最后决断。

人们多半不愿将自己的弱点暴露出来，即使在你要求他作出答案或提出判断时，他也故意装懂，或者故意闪烁其词，使你有一种"莫测高深"的感觉。其实这只是对方伪装自己的手段罢了。

深藏不露的人可能是一位攻于心计的人，这种人为了在与别人打交道时获得主动，或者出于某种目的，不愿让别人了解自己，而把自己保护起来。这种人还总希望更多地了解对方，从而在各种矛盾关系中周旋，使自己处于不败之地。对这种人，你应该有所防范，警惕不要为其所利用，成为他的工具，不要让他得知你的底细。

他也可能是一位曾经经受过挫折、打击和伤害的人。过去的经历使这种人对社会、对他人有一种强烈的敌视态度，从而对自己采取更多的保护。对这种人，则应该坦诚相待，以诚感人。这种人并不是为了害人，而是为了防人。你对他不应有什么防范，为了真正达到沟通的目的，甚至可以对他敞开你的心扉。

还有一种情况是，他可能对某些事情缺乏了解，拿不出更有价值的意见。在这种情况下，为了掩饰自己的无知，以未置可否的方式或

含糊其词的语气与人交往，装出一种城府很深的样子。对这种人则不要有什么太高的期望，也不必要求他提供某种看法或判断。

总之，对某些城府较深的人，如果你不得不与之打交道，则应该真正加以区分，看其属于哪一类人，然后确定自己的行为方式。

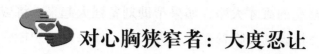

对心胸狭窄者：大度忍让

心胸狭窄的人往往容不得人，也容不下事，对比自己强的人忌妒，对不如自己的人又看不起。他们生性多疑，一点儿小事也常常折腾得自己吃不好、睡不着。

我们不妨学习《三国演义》中诸葛亮对待心胸狭窄之人的智慧。三国时，周瑜是东吴的都督，诸葛亮是西蜀的丞相。他们为了抵抗曹操百万大军的南下，共商大计。周瑜见诸葛亮处处高自己一筹，便妒火中烧，屡次加害。诸葛亮则处处从联合抗曹的大局出发，不计较个人的得失与荣辱，从而保证了吴蜀的军事联盟，打败了曹操的83万大军，为"三分天下"奠定了基础。

所以，与心胸狭窄的人相处应做到以下几点。

1. 要有大度的气量

与心胸狭窄的人相处，肯定会发生一些不愉快的事，如果缺乏气量，与之斤斤计较，就无法相处。相反，如果气量大度，胸怀宽阔，就会使那些不愉快的事化为乌有。同时，对心胸狭窄的朋友是个教育。

一个人怎样才能有气量呢？高尔基说过："一个人追求的目标越高，他的才力就发展得越快。"才力当然就包含着气量。诸葛亮之所以能对周瑜的忌妒和迫害毫不计较，就是他目光高远，时刻想的都是如何联合东吴打败曹操，保卫蜀国。所以，他能从个人的恩怨中解脱出来，重事业，轻小侮。朋友之间也应如此。如果对方因心胸狭窄，做出对不住我们的事，我们应从有利于工作和友情的大局出发，能谅解的就谅解，能忍让的就忍让，不应为个人小事而斤斤计较，耿耿于怀。

2. 要有忍让的精神

忍让，绝不是软弱，而是心胸开阔、人格高尚的表现。忍让，并不意味着放弃原则。

一个人为什么会心胸狭窄？一个重要的原因，就是他习惯于孤立、静止地看问题，因而目光短浅，不能认识事物的多维性。比如周瑜，他只看到诸葛亮的雄才大略，如果帮助刘备强大起来，将威胁到东吴称霸；而没有认识到面临曹操的百万大军，如果嫉贤妒能，破坏了蜀吴联盟，那么只能被曹军个个击破。诸葛亮却清醒地认识到了这一点，所以才一方面"大人不计小人过"；另一方面巧妙地同周瑜周旋，使他破坏联盟的计划无法实现。由此可见，心胸狭窄的人极容易错误地估计形势，错误地对待人和事。因此，对心胸狭窄的人忍让，绝不意味着迁就他的错误。

对心胸狭窄之人应该忍让，但对他的错误思想和行为绝不能迁就，这才是与心胸狭窄的人相处的分寸所在。

第十一章
第一时间看透对方

说话的过程，是他向你传达心声的过程

俗话说，"言为心声"，从一个人的言谈中，我们可以了解一个人的态度、感情和意见。一方面，言谈内容能表达人们心中所想的内容；另一方面，言谈的速度、语调能够影响人们谈话的效果。

也许你已经发觉，人们在试图掩饰某种意图时，往往会改变言谈的内容，这就使我们想完全从言谈内容上了解对方的真实用意变得十分困难。不过，我们不要忽视对方言谈的速度、语调以及节奏等，因为这些多会十分真实地反映对方内心的变化。人们总是会在无意中，通过这些因素表现出所谓的言外之意，而我们也应该设法通过这些因素来正确了解对方的心理。

1. 说话速度

说话速度快的人多性格外向，比较有活力、朝气蓬勃，总给人一种很阳光的感觉。但是，说话速度太快的人，会给人一种非常紧张、迫切的感觉，同时会让人感到焦躁、混乱以及些许不安。

说话速度缓慢的人，会给人一种诚实、中肯、踏实的感觉，但也会显得犹豫不决、优柔寡断，甚至是悲观消极。

语速为每个人说话固有的特征，依人的性格与气质而异。不过，需要注意的是，我们如何从与平时相异的言谈方式中了解对方的心理。例如，平日能言善辩的人，忽然结结巴巴地说不出话来；相反，平时木讷、讲话不得要领的人，却突然滔滔不绝地高谈阔论。遇到这种情况，我们就应该小心，其中必定是出了什么问题，应仔细观察、谨慎行事。

大体而言，当言谈速度比平常缓慢时，是表示不满对方或对对方怀有敌意；相反，当言谈速度比平常快时，则表示说话者有短处或缺点，心里愧疚，言谈内容有虚假。

从心理学的角度看，当一个人的内心深处有不安或恐惧情绪时，言谈速度便会变快，希望通过快速讲述，来掩饰隐藏于内心深处的不安与恐惧。但是，由于没有充分的时间让他冷静地反省自己，因此，所谈话题内容空洞，我们可以很容易地窥知其心理的不安状态。

柳传志就是一位通过话语速度判断他人心理的高手。在联想企业生死攸关的时候，他召开了一次董事会议。敏锐的柳传志发现，他的下属在发言时，吞吞吐吐，完全没有企业家应有的风度。他估计企业有军心涣散的危险，便立刻宣布散会。接着他紧急展开大规模的调查，对症下药，避免了企业发生重大的变故。

2. 说话音调

通过对说话音调的留意，一样可以了解对方的心理。

肖邦曾在一家杂志专栏中写道："当一个人想反驳对方意见时，最简单的方法就是提高嗓门——提高音调。"的确如此，人总是希望借着提高音调来壮大声势，并试图压倒对方。

研究发现，说话音调高是任性的表现形式之一。一般而言，随着年龄的增大，音调会随之相对地降低。而且，随着一个人心理的逐渐成熟，他便具备了抑制"任性"情绪的能力。但是，有些成人说话的音调相当高，这种人的心理便是倒回到了幼儿期，因而自己无法抑制任性的表现，他们往往无法接受别人的意见。

3. 说话的节奏

这也是了解对方心理的重要因素。

充满自信的人，谈话时多用具有决断性的说话节奏；缺乏自信或性格软弱的人，讲话时则慢吞吞的，缺乏决断性的节奏。

4. 言语表达

俗语说："言未出而意已生。"在现实生活中，常常有人会欲言又止、吞吞吐吐，在那一刻，他内心的心理密码已经泄露了他的真实动机。下面我们将介绍怎样通过言语来破译他人的心理。

在正式场合发言或演讲的人，开始时就清喉咙，多数是由于紧张或不安。

说话时不断清喉咙、改变声调的人，可能是有某种顾虑。

　　有的人清嗓子，则是因为他对某个问题仍迟疑不决，需要继续考虑。一般有这种行为的男人比女人多，成人比儿童多。儿童紧张时，一般是结结巴巴地"嗯……啊……"，也有的会下意识地反复说："你知道……"

　　内心不诚实的人，说话时支支吾吾，这是心虚的表现。

　　卑鄙的人，心怀鬼胎，因此声调会阴阳怪气，非常刺耳。

　　有叛逆企图的人，说话时常带有几分愧意。

　　内心兴奋之时，言语容易过激。

　　浮躁的人易喋喋不休。

　　心中有疑虑、思想不安定的人，说话时总会模棱两可。

　　善良温和的人，话语总是不多。

　　内心柔和、平静的人，说话时总是如小桥流水，平缓柔和，极富亲和力。

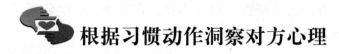 **根据习惯动作洞察对方心理**

生活中，每个人的举手投足都反映了他的心态和性格特征。

心理学家莱恩德曾说过："人们日常做出的各种习惯行为，实际反映了客观情况与他们的性格间的一种特殊的对应变化关系。"

我们在日常生活中，自然而然地会产生并形成一些具有特定意义的小动作，且具有很强的稳定性，一般很难一下子改过来。改不过来，就随身携带，这就为我们通过这些习惯的小动作，去观察、了解和认识一个人的心理及性格提供了方便。

1. 掰手指关节的人

有些人习惯把自己的手指掰得"咯嗒咯嗒"响，不管有人没人，有事还是无事。如果心烦意乱时听到这种响声大家一定很不舒服。

此类男人通常精力旺盛，哪怕他得了重感冒，如果叫他去参加一项他平常最喜爱的活动，他同样会从床上爬起来。他们还很健谈，喜欢钻"牛角尖"，依靠自己的思维逻辑性较强，而经常把你的谈话、文章说得一无是处。

这是典型的多愁善感型，而且是出名的"情种"，只要是异性，他们可能只相处一两次就会爱上。

这种男人对事业、工作环境很挑剔，如果是他喜欢干的，他会不计较任何代价去努力帮助你；相反，他不当众出你的丑，也一定会暗地里甩你的"冷板凳"。

2. 挤眉弄眼的人

喜爱挤眉弄眼的人，善于运用面部的动作和表情来传情达意。一些心理学家和行为学家认为，这类人比较轻浮或缺乏内在的修养，在恋爱和婚姻上也总是喜新厌旧。虽然他不一定会跟"原配"离婚，甚至可能对结发妻子"相当好"，但那只不过是他的自尊心在起作用而已。

这种人特别会处理人际关系，尽管他们十有八九都略显高傲，但他们处事大方，为其掩盖了很多不是。在事业上，他们很善于捕捉机会，深得领导的赏识。

当然，受领导赏识的大多数原因，还要归功于他们的善拍马屁。这种人可以称得上"拍马屁"的"祖师爷"，自打他们出道以来，从没有谁"拍在马腿"上的，不信可以四处打听一下。

3. 时常摇头晃脑

平常生活中，人们经常看到"摇头"或"点头"，以示自己对某件事情的肯定或否定。但如果你看到一个人经常摇头晃脑的，那么你或许会猜测，他不是得了"摇头病"，就是精神不正常。

我们撇开这种看法而从另一个角度来看，这种人其实特别自信，以至于经常唯我独尊。他们也会请你帮他办事情，但很多时候你办得再好，他都不怎么满意，因为他们有自己的一套，只是想从你做事的过程中获取某种启示而已。

他们在社交场合很善于表现自己，却时常引起别人的厌烦，对事业一往无前的精神倒是被很多人欣赏。

4. 拍打头部

拍打头部这个动作，多数时候的意思是在向你表示懊悔和自我谴责，他肯定没把你上次交代的事情放在心上。如果你正在问他"我的事情你办了没有"，见他有这个动作的话，你不用再问，也不用他再回答了。

如果你的朋友中有人有这样的动作，而他拍打的部位又是脑后部，那么这种人不太注重感情，而且对人苛刻。他选择你作为他的朋友，很大程度上是因为你某个方面可以被他利用。当然，他也有很多方面值得你去交往和了解，譬如对事业的执着和开拓等，尤其是他对新生事物的学习精神，你不得不从心底真正佩服他。

时常拍打前额的人，一般都是心直口快的人，为人坦率、真诚、富有同情心。在"耍心眼"方面，你教都教不会他，因此如果你想从某人那儿知道什么秘密的话，这种人是最好的人选。不过这不表示他是一个不值得信赖的朋友，相反，他很愿意为他人帮忙，替他人着想。这种人如果对你有什么得罪的话，请记住，他一定不是有意的。

5. 边说话边打手势

这种人与人谈话时，只要他们一动嘴，就一定会有一个手部动作，如摊双手、摆动手、相互拍打掌心等等，好像是对他们说话内容的强调。他们做事果断、自信心强，习惯于在任何场合把自己塑造成一个领导型人物，很具有一种男子汉的气概，性格大都属于外向型。

这类人去演讲一定会极尽煽动人心之能事，他们良好的口才时常让你不信也得信。他们与异性在一起时，表现得尤其兴奋，总是急于向对方显示自己"护花使者"的身份。

这类人对朋友相当坦诚，但他们不轻易把别人当成知己，踏实肯干的性格使他们的事业大多小有成就。

6. 抹嘴、捏鼻子

这种动作略显不雅观，不过还没到伤大雅的地步。

习惯于抹嘴或捏鼻子的人，大多喜欢捉弄别人，却又不能"敢作敢当"。他们的唯一爱好是"哗众取宠"，眼见你气得咬牙切齿，他们却在那儿高兴得手舞足蹈。从这方面来讲，他们有点过分。

这种人最终是被人支配的人。别人要他做什么，他就可能做什么。如果进百货店或者商场，售货员最喜欢的就是这种人。也许他们根本什么都不准备买，但只要有人说"先生，这件可以"，他们就会买下。

 **从兴趣爱好掀开他的底牌**

生活中，每一个人都有自己的兴趣爱好。有的人喜欢跳舞，有的人喜爱看书，有的人喜欢旅游……从心理学角度来看，人的兴趣爱好也是自身性格特征的一种反映。所以，当你想了解一个人的时候，可以从他的兴趣爱好来着手。

1. 从音乐的爱好得出人的性格规律

音乐是一种纯感觉性的东西，听音乐的时候喜欢听哪一类型的，就表明他在这一方面的感觉比较好，而这种感觉很多时候又是与一个人的性格紧密相连的。

（1）喜欢听古典音乐的人

喜欢听古典音乐的人，一般是一个理性成分占多数的人，他们在很多时候要比一般人懂得如何进行自我反省、自我积累，从而留下对自己非常重要的东西，将那些可有可无的，甚至是一些糟粕的东西抛弃。这样的人大多很孤独，很少有人能够真正地走入到他们的内心深处，去了解和认识他们，所以音乐在一定程度上成了他们的心灵伙伴。

（2）喜欢摇滚乐的人

喜欢摇滚乐的人，多是对社会不满，有些愤世嫉俗，他们需要依靠以摇滚的形式来宣泄自己心中的诸多情绪。他们会常常感到迷茫和不安，需要有一个人领导着，逐渐地找回已经丧失或是正丧失的自我。他们很喜欢与一些志同道合的人交往，他们害怕孤单和寂寞。

（3）喜欢乡村音乐的人

喜欢乡村音乐的人，多是十分敏感的一类人。他们对一些问题常会表现出过分的关心，他们为人多较圆滑、世故、老练、沉稳，轻易不会动怒。他们的性格一般比较温和、亲切，攻击性欲望并不强。他们比较喜欢稳定和富足的生活。

（4）喜欢爵士乐的人

喜欢爵士乐的人，其性格中感性化的成分往往要多于理性，他们做事很多时候都只是凭着自己的感觉出发，而忽略了客观实际。他们喜欢自由自在、无拘无束的生活，希望能够摆脱控制自己的一切。他们对生活往往是追求其丰富多彩，而讨厌一成不变的任何东西。他们的生活多是由很多不同的方面组成的，而这些方面总是彼此互相矛盾着，从而给他们在表面笼上了一层神秘的面纱，使他们在人前永远具有十足的魅力。

（5）喜欢流行音乐的人

简单是流行音乐的主旨，这并不是说喜欢流行音乐的人都很简单，但至少他们在追求一种相对简单和自由自在的生活方式，而让自己轻松快乐一点。

2. 从旅游偏好窥探人的性格

心理学家认为，了解一个人喜爱的旅游方式，可以推测出一个人的潜在性格。不妨拿自己进行比较，便可以探究其真实性。

（1）喜欢欣赏风景的人

喜欢欣赏风景的人，是不想被局限于斗室之内，呆板的工作往往令他们感到烦躁，他们是精力充沛的人，而且很有幻想，生活中任何的新责任或新体验，都会让他们大为兴奋。

（2）喜欢漫步海滩的人

喜欢漫步海滩的人，个性略带保守与传统，爱好孤独，有一种离群索居的欲望。不过，由于这种人对朋友和人际关系都很冷漠，所以他们会是好父母，因为他们会把所有心思都放在孩子身上。

（3）喜欢参加旅行团的人

喜欢参加旅行团的人是很理性的人，做什么事情都喜欢计划得井井有条，不期待任何惊喜的意外之旅。此外，他们个性豪爽，喜欢与别人分享一切，而且，当别人懂得欣赏他们的时候，他们会格外高兴。

（4）喜欢出国旅行的人

喜欢出国旅行的人是追求潮流和时尚的人，生活中的变化，会让他们觉得很刺激。此外，他们充满幽默的个性，不容易被生活的重担压倒，总是过着自由自在、毫无拘束的生活。

（5）热衷于登山的人

当你问一个将要去度假的人，希望从事何种消遣时，如果他以登山回答的话，那么，你就可以判断他是个内向型的人。

内向型的登山爱好者，经常组队向岩壁挑战，以攀登、征服人烟稀少、人力难及的险峻高峰为目标。他们对大自然的态度也不同于外向型的人，对于大自然的险峻、壮观以及美丽，他们又爱又恐惧，虽然敢于向它挑战，但是，始终不把它当成享乐的休闲对象。他们一向以真挚的态度对待那些他们想要征服的高山大川。

一般来说，内向型的人比较能够适应大自然严酷的环境，探险家就不用说了，即便是普通登山者，也几乎都是内向型的人。名副其实的爱好登山之人，不仅抵制不了山峰险峻的诱惑，而且热爱溪流声、高山植物、冰河、虫鸟等山峰拥有的自然景观。他们背着沉重的行囊，当被问及"你到底要爬几次才过瘾"时，他们只会回答："因为那儿有我喜欢的一座山啊……"这一类人几乎毫无例外，都属于对自己也相当苛求的内向型之人。

外向型的人说"我也喜欢大山"，这时你不妨认为——充其量，他只喜欢去那种能够吃野餐的小山丘罢了。

3. 从读书看人的性格特征

在心理学家眼里，读书不仅能增加一个人的知识和内涵，还能在某种程度上反映出一个人的性格和心理。从一个人喜爱看的书的类型，可以分析出其性格和心理。

（1）喜欢读言情小说的人

他们是重感情的人。这种类型的人非常敏感，生性乐观，直觉敏锐，一般很快就能从失望中恢复过来，东山再起。

（2）喜欢看传记的人

这类人好奇心重、谨慎、野心勃勃。他们在作出决定之前，一定会研究各种选择的利弊、得失及可行性，绝对不会贸然行事。

（3）喜欢看通俗读物的人

喜欢看各类型街头小报、周刊、八卦杂志等的人，一般都富有同情心，乐观开朗，经常利用巧妙的言辞带给别人欢乐。这种人总有源源不断的趣味性话题，经常成为办公室或社交场合中颇受欢迎的人物。

（4）喜欢浏览报纸及新闻杂志的人

这类人大多属于意志坚定的现实主义者，且善于接受各种新生的事物。

（5）喜欢看漫画书的人

这类人一般都喜欢玩乐，性格无拘无束，不想把生活看得太认真。

（6）喜欢读小说的人

喜欢读侦探小说的人，往往勇于接受现实中的挑战，善于解决各种各样的问题，别人不敢挑战的难题，他们也愿意去应付。喜欢看恐怖小说的人，多半因为生活太沉闷，使得他们想寻找刺激，想冒险。喜欢读科幻小说的人，大多是有丰富的幻想力和创造性的人，多为科学技术所迷惑，喜欢为未来拟订计划。

（7）喜欢读历史书籍的人

此类人富有创造力，不喜欢胡扯、闲谈，宁愿花时间做些有建设性的工作，也不想去参加无意义的社交活动。

（8）喜欢读时尚杂志的人

这类人非常在意自己的外貌，十分顾及面子，在日常生活中会尽力改变自己在别人心目中的形象。

4. 酷爱不同球类运动的人

人是一种动物，其关键就在于"动"，所谓的"动"，其中就包括运动。其实运动对于人而言，是一种必不可少的生活方式，而生活当中，绝大多数人也都在运动。不同的人会热衷于不同的运动方式，这就是人性格方面的流露。

（1）喜欢篮球的人

喜爱篮球的人多有较高的理想和远大的目标，他们经常对自己抱有很高的期望，希望自己能够比他人出色，站到别人前面去。为了达到这样的目标，他们可以作出很大的牺牲和努力。这其中可能避免不了要遭遇失败，但他们失败以后多不会被击倒，不会一蹶不振、灰心丧气。与之相反，他们的心理素质比较好，能够重新站起来，再接再厉。

（2）喜欢排球的人

喜爱排球的人多是不拘小节的，他们在做一件事情的时候，对过程的重视程度往往要超出结果许多倍。

（3）喜欢打网球的人

喜爱打网球的人，大多是文化素养比较高的人，因为网球运动其本身就具有贵族的气息和很高的格调，并不是所有人都可以轻而易举加入到这项运动中来的。喜爱网球运动的人从整体上来说，大多属于文质彬彬、有涵养的那一种人，他们会在各个方面严格要求自己，使自己达到一个相对高的层次，力求完美和完善。

（4）喜欢足球的人

足球运动本身就是一项很刺激的运动，能让人兴奋。喜欢足球的人，应该是相当富有激情的，对生活持有非常积极的态度，有战斗的欲望，干劲十足。

（5）喜欢高尔夫球的人

高尔夫球也是一种象征着地位、财富和身份的贵族消遣，喜爱并不一定都能玩得起，凡是能够玩得起的人，大多是具有比较强大的经济实力的，而其本人也可以称得上是个成功者。他们能够成功，是具备了成功者必备的素质：宽阔的胸怀，远大的理想，不达目的不罢休的精神和坚强的毅力。

第十二章
"色"眼识人

喜欢红色的人：热情、外向

红色是非常受欢迎的一种颜色，而且在这一点上没有男女之分。喜欢红色的人，性格几乎都是外向型，通常活泼好动，激情四溢，精力充沛。与此同时，这类人大多鲁莽、热情，而且极富正义感。

从某种程度上讲，喜欢红色的人不会是一个好的领导人。然而，如果有聪明的领导，那么喜欢红色的人会是很好的执行者，行动力强。他们只想怎么样按要求完成任务，从来不会计较代价是什么。不过，他们也很容易会扯出一些题外话。他们通常不会花足够的时间去关注某一件事，但当他们专注的时候，他们对自己的决定很坚定。他们能够很快地给出一个问题的答案，他们认为自己什么都懂。如果他们不懂，或者你已经证明了他们不懂，他们就会寻根问底，直至彻底弄明白为止。

喜欢红色的人多是情绪型的人，他们可能在你面前突然像活火山一样，时不时地爆发一次，然后很快就恢复平静。不过，这类人只要多使用淡一点的红色或让人冷静的红色，便可以弥补性格中的缺点。

也有些人，虽然心里喜欢红色，却不太敢穿红色的衣服或戴红色的饰物。这部分人对红色的热情还没有达到极其强烈的程度，但算是喜欢红色的预备军。他们往往比较理性，但又渴望具有行动力，所以才会喜欢上红色。这类人一旦感受到红色的魅力，就会一发而不可收。

此外，一个人如果喜欢砖红色（红褐色），表示他可能对毒品、酒精成瘾，饮食不正常，或者情绪不稳定；如果喜欢红色中带有蓝色折光，多表示他是情绪激昂、很有活力的人；如果喜欢橘红色，多表示他不仅精力充沛，而且很喜欢户外活动及一些群体活动；如果喜欢品红色，多表示他性情比较温柔、朴实、坦率、平和。

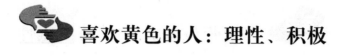

喜欢黄色的人：理性、积极

喜欢黄色的人很理性，上进心强，好奇心强，爱好钻研，很有科学性、分析性、判断性、独立性、专业性。总体来说，这类人绝对是个挑战者。

喜欢黄色的人普遍喜爱权力和控制他人。他们会是好的领导，一般能够很有条理地作出决定。在行动之前会认真地分析每一个细节，每个战略游戏都能引起他们的兴趣。同时，他们很有生意头脑，善于投资和赚钱。他们有着独树一帜的想法，具备走向成功的能力和推动力。他们多是理想主义者，擅长制订各种计划，并一步步实现。

正如孩子们往往都很喜欢黄色，喜欢黄色的人大多有依赖他人的倾向，甚至有些人非常缺乏自立心。在心理上，他们比较孩子气、纯洁、天真，喜欢自由自在，害怕受到束缚。当他们有压力的时候，他们感觉有必要把自己的情绪隐藏起来，并且会朝着这个方向努力。如果他们在你面前表现出他们在承受着压力，那代表他们真的很虚弱了。因为，他们是那种会尽量在你面前展现自己甜蜜一面的人。

不过，虽然同是喜欢黄色，但喜欢像奶油那种淡黄色的人，性格很稳定，平衡局面的能力也很强；而喜欢深黄色的人，个性就会倾向于有些自负、刚愎自用，他们会认为只有自己才能作出正确的决定，很容易使别人怀疑他们做事的动机。

需要注意的是，即使喜欢黄色，如果过度使用，则很容易引起自身焦虑或招致别人的讨厌。所以，最好使用黄色做点缀，或与其他颜色搭配使用。当然，黄色在短时间内可以提高人的注意力，只是过分使用会适得其反。

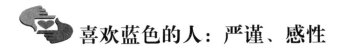

喜欢蓝色的人：严谨、感性

蓝色代表着一种平静、稳定，能给人一种和谐、宽松的感觉。喜欢蓝色的人，性格多内向，有很强的团队协调能力，讲究礼貌，为人谦虚、和蔼、严谨。

他们绝不是头脑冲动的人，在行动前都会制订一个周密的计划。他们还属于谨慎派，会严格遵守各种规则。他们偶尔会固执己见，但基本不会持续太久。

由于蓝色是一种情感化的颜色，喜欢蓝色的人一般比较容易伤感。当然，这类人也很容易满足，能够保持平衡、调和，经常保持沉着、安定，安全感比较强烈。他们喜欢和平、不好斗，总是尽量使自己不与周围的人产生摩擦，和谐是他们一切行动的指导。然而，这种性格有时会让他们显得有些懦弱。总体来讲，他们比较信赖别人，同时希望自己能得到别人的信赖，所以处事还是比较圆滑的。

此外，喜欢不同种类蓝色的人，在性格上也有微妙的差异。例如，喜欢深蓝色的人，一般比较理性，意志沉稳且坚定，喜欢凌驾于他人之上；喜欢浅蓝色的人，多心情开朗，充满自信心，为人随和。

喜欢绿色的人：和平、朝气

绿色代表着活力、生长、青春，与复苏、变化、天真、平衡等有关，给人以希望。喜欢绿色的人，意志坚定，不易动摇或改变，偏重于理性，自视很高。他们拥有截然不同的两种特质，既有很强的行动力，又具备沉静思考的能力；兼具优雅与知性；喜好寂静又谨慎保守；行事不会逾越本分，非常明白自己的立场。

喜欢绿色的人社会意识比较强，态度认真。他们能够礼貌待人，普遍个性率直，基本不会掩饰内心的想法。他们会把自己的信念表达出来，并为了信念而努力。他们好奇心强，但不会积极采取行动，大多时候要等同伴的召唤再一起行动。他们对事情大多比较敏感，会深入思考，把问题分析得很透彻。他们面对任何事都能冷静处理，处事稳妥，绝不感情用事，所以深受别人信赖。在人际关系方面，他们是和平主义者，和周围的人可以和睦共处，但是警惕性非常高。他们乐意去帮助每一个人，对于别人的请求，总是欣然接受。热爱和平是他们固化的责任，他们希望每个人都能过上和谐的生活。

由于绿色也分很多种，因此喜欢不同绿色的人在性格方面也会有所差别。例如，喜欢黄绿、苹果绿等绿中带黄的人，为人友好，处事圆滑，行动力强，但性情温顺，与喜欢普通绿色的人相比更善于社交；喜欢深绿色的人多沉着、冷静、干练且性格温厚。

此外，喜欢绿色的人普遍不太喜欢运动，而酷爱美食，所以大多偏胖。

喜欢青色的人：温柔、和平

青色是绿色与蓝色的巧妙融合，所以喜欢青色的人，在性格方面兼顾了绿色的和平与蓝色的感性。他们性情温柔，为人热情、友善，对周围的人都很体贴。

喜欢青色的人是一类值得交往的朋友，能够令与自己在一起的人感觉非常轻松、快乐。他们待人热情、友好，不以自我为中心；同时非常善解人意，十分值得信赖。一方面，他们拥有火一样的热情，有幽默感和个性；另一方面，他们相当稳重、踏实。他们情感丰富，总是能够深深地体会到别人的感觉，并很快体会到别人的反应与情感变化。他们向往和谐，不太喜欢突如其来的变化与压力，也不太喜欢自己作决定。在他们的观念中，人本身比单纯地完成任务更重要。他们乐于鼓励别人，为他人着想，善于倾听别人的倾诉，并提供解决问题的办法，总会十分周到地想到该做什么事。在他们心目中，别人的快乐是他们快乐的源泉。

此外，虽然喜欢青色的人感性而温柔，但他们本身又是非常坚强的，他们乐观，对生活充满希望，对于任何事情都能泰然处之，并且自得其乐。

第十三章
让对方向你敞开心扉

巧说第一句话，陌生人也能一见如故

假如在一个严冬的夜晚，与一位现在很陌生但希望将来能成为朋友的人见面，你想说些什么作为初次见面的开场白呢？

大多数人认为从谈天气切入最好，如"今晚好冷啊"。可是，单纯地使用它，虽然能彼此引出一些话来，但这些话往往对彼此都无关紧要，于是，再深一步地交谈也就出现困难了。不过，如果你这样说："哦，今晚好冷！像我这种在南方长大的人，尽管在这里住了几年，但对这种天气还是难以适应。"相信，若对方也是在南方长大的，就会产生共鸣，接着你的话头说出一些有关的事；若对方是在北方长大的，他也会因为你在寒暄中提到了自己的故乡在南方，而对你的一些情况产生兴趣，有了要进一步了解你的欲望，从而把你们的交往引向深处。

要知道，人都是独立的个体，都具有思维能力，与陌生人打交道时，你与对方都会存有一定的戒心，这也是初次交往的一种障碍。而初次交往的成败，关键就要看你们如何冲破这道障碍。如果你用第一句话吸引对方，或是讲对方比较了解的事，那么，第一次谈话就不仅仅是形式上的客套了。如果运用得巧妙，双方会因此打成一片，变得容易接近。

实际交往过程中，有的人采用一种很自然的、叙述型的谈话开头，也能给人一种亲切感，同时能让人想继续向他询问一些细节。

在一个街区的计划生育办公室，一名记者正在了解此地青年男女早婚早育的情况。那位主管此事的女干部，没有像记者想象的那样给他列举一堆数字，而是很自然地为他讲了个故事。

"今年元月26日那天，这个街区某校的一名15岁的高中少女，初次见到本区的一位个体户青年，这个青年也不过20出头，刚刚到法定的结婚年龄。元月29日，也就是距他们相识不过3天的时间，他们就双双到当地派出所要求登记结婚。那少女发誓说她已工作，父母远在边疆，因此不需取得父母的同意。派出所当然不相信，一定要她出示户口本以验证她的实际年龄，但不知他们从哪里找来一名治安人员，硬是替他们做了证，领取了结婚证书。就这样，新郎为新娘在旅馆租了一间房间，两个人在那里住了3个月有余，少女的母亲发现时已为时过晚，因为少女已经怀孕，新郎却在此后突然不知去向，并到此为止，再没出现过。"

听完故事后，记者非常喜欢这段自然的开头，因为那名女干部说出了具体的时间，令人预感将要有一段回忆，或暗示一件有趣的事情发生。令人产生渴望要了解细节的欲望，既为记者采访提供了很好的素材，同时从侧面揭示出早婚早育的后果。

总结来说，说第一句话的原则就是亲热、贴心、消除陌生感。常见方式主要有3种。

1. 问候式

"您好"是向对方问候致意的常用语。如能因对象、时间的不同，而使用不同的问候语，效果则更好。对德高望重的长者，宜说"您老人家好"，以示敬意；对年龄跟自己相仿者，称"老×（姓），您好"，显得亲切；对方是医生、教师，说"李医师，您好""王老师，您好"，有尊重意味。节日期间，说"节日好""新年好"，给人以祝贺之感；早晨说"您早""早上好"，则比"您好"更得体。

2. 攀认式

赤壁之战中，鲁肃见诸葛亮的第一句话是："我，子瑜友也。"子瑜，就是诸葛亮的哥哥诸葛瑾，他是鲁肃的挚友。短短的一句话就定下了鲁肃跟诸葛亮之间的交情。其实，任何两个人，只要彼此留意，就不难发现双方有着这样或那样的"亲""友"关系。

例如，"你是××大学毕业的，我曾在××进修过两年。说起来，我们还是校友呢！""您来自苏州，我出生在无锡，两地近在咫尺，今天能遇同乡，令人欣慰！"

3. 敬慕式

对初次见面者表示敬重、仰慕，这是热情有礼的表现。用这种方式必须注意，要掌握分寸，恰到好处，不能胡乱吹捧，不说"久闻大名，如雷贯耳"之类的过头话。表示敬慕的内容也应该因时因地而异。

例如，"您的大作《教你能说会道》我读过多遍，受益匪浅。想不到今天竟能在这里一睹作者风采！""桂林山水甲天下，我很高兴能在这美丽的地方见到您这位著名的山水画家。"

不过，说好了第一句话，仅仅是良好的开端。要想谈得有味，谈得投机，你还得在谈话的过程中寻找新的共同话题，这样才能吸引对方，使谈话顺利地进行下去。

激发对方的情绪，让他滔滔不绝

在某些沉闷的环境里，没有人愿意开口跟陌生人说一句话，那是出于一种防备心理。在这种时候，你应该学会如何去激起谈话对象的某种情绪，让他慢慢开始滔滔不绝。

假如你正坐在火车上，已坐了很久了，而前面还有很长很长的路程。你想与他人讲讲话，这是人类的群体性在作祟，而你要尽力使你的谈话显得有趣，富有刺激性。

坐在你旁边的一位，像是一个有趣的人，而你颇想知道他的底细，于是你搭讪道："对不起，你有火柴吗？"

可是他一句话也不讲，只是点点头，从口袋里掏出一盒火柴递给你。你点了一支烟，在还给他火柴时说了声"谢谢"，他又点了点头，然后把火柴放进了口袋里。

你继续说："真是一段又长又讨厌的旅程，你是否也有这种感觉？""是的，真讨厌。"他同意着，而且语调中包含着不耐烦的意味。"若看看一路上的稻田，倒会使人高兴起来。在稻谷收获之前的一两个月，那一定更有趣。"你又说。

"唔，唔！"他含糊地答应着。

这时你再也没有勇气说下去了。你在农业方面，给了他一个表现兴趣的机会，他若是个农夫，接下来一定会发表一番他的看法。

假若一个话题能引起他的兴趣，那么无论他是如何沉默的一个人，也会发表一些言论的。因此你在谈话停滞之时，思考了一番后，重新开始了。

"天气真好，爽快极了！"你说，"真是理想的踢球时节。今年秋季有好几个大学的球队都很出色呢！"

那位坐在你身旁的乘客直起身来。"你看理工大学队怎么样？"

他问。

你回答："理工大学队很好，虽然有几个老将已经离队，然而几位新人都很不错。"

"你曾听过一个叫李刚的队员吗？"他急着问。

你的确听说过这个球员，猛然发现此人和李刚长得很像，立刻毫无疑问地判断李刚定是此人之子。于是你说："他是一个强壮有力、有技巧，而且品行很好的青年。理工大学队如果少了这位球员，恐怕实力将会大减。但是李刚快要毕业了，以后这个队如何还很难说。"

这位乘客听了这话便兴高采烈、滔滔不绝地谈了起来。可见，你激发了他说话的情绪，情绪一上来，就很难控制，谈话就会滔滔不绝。

和陌生人谈话的情况是不可避免的，那种紧张、压抑的气氛抑制了大家说话的勇气，这时，必须想办法挑起一种快乐的情绪，让所有人都参与到交谈当中来。

一般说来，对一个素不相识的人，只要事先作一番认真的调查研究，你往往都可以找到或明或暗、或近或远的亲友关系。而当你在见面时及时拉上这层关系，就能一下子缩短彼此的心理距离，使对方产生亲近感。

一个人爱不爱说话，关键看他的情绪状况是怎样的。对于沉默寡言的人，就要注意引导，激发他的说话情绪。至于其中的技巧，你要在交谈中察言观色，以捕捉可谈的信息，如果可以，事前最好作一番调查研究。

用细微动作可以拉近与陌生人的距离

与陌生人相处时，必须在缩短距离方面下功夫，力求在短时间内了解得多些，缩短彼此的距离，力求在感情上融洽起来。孔子说："道不同，不相为谋。"志同道合才能谈得拢。

我们在百货公司买衬衫或领带时，女店员总是会说："我替你量一下尺寸吧！"

这是因为对方替你量尺寸时，她的身体势必接近过来，有时还接近到只有情侣之间才可能有的极近距离，使得被接近者的心中涌起一种兴奋感。

每个人对自己身体周围，都会有一种势力范围的感觉，而这种靠近身体的势力范围内，通常只能允许亲近之人接近。如果一个人允许别人进入他的势力范围，就会有种已经承认和对方有亲近关系的错觉，这一原理对任何人来说都是相同的。

本来一对陌生的男女，只要能把手放在对方的肩膀上，心理的距离就会一下子缩短，有时瞬间就成为情侣的关系。推销员就常用这种方法，他们经常一边谈话，一边很自然地移动，跟顾客离得很近。

因此，只要你想及早形成亲密关系，就应制造出自然接近对方身体的机会。

有一场篮球比赛，一位教练要训示一名犯了错的球员。他首先把球员叫到跟前，紧盯着他的眼睛，要这位年轻小伙子注意一些问题，训示完之后，教练轻轻地拍了拍球员的肩膀和屁股，把他送回到了球场上。

教练这番举动，从心理学的观点来看，确实是深谙人心的高招。

第一，将选手叫到跟前。把对方摆在近距离内，两个人之间的个人空间缩小，相对地增加对方的紧张感与压力。

第二，紧盯着对方的双眼。有研究表明，对孩子讲故事时紧盯着他的眼睛，过后孩子能把故事牢牢记住。教练盯着球员的眼睛，要他注意，用意不外乎是使对方集中精神倾听训示。否则球员眼神闪烁、心不在焉，很可能会把教练的训示全当成耳边风，毫不管用。

第三，轻拍球员身体，将其送回球场。实验显示，安排完全不相识的人碰面，见面时握了手和未曾握手，给人的感受大大不同。握手的人给对方留下随和、诚恳、实在、值得信赖等良好印象，而且约有半数表示希望再见到这个人。另一方面，对于只是见面、没有肢体接触的人，则给人冷漠、专横、不诚实的负面评价。

正确接触对方身体的某些部位，是传达自己感情最贴切的沟通方式。如果教练只是责骂犯错的球员，会给对方留下"教练冷酷无情"的不快情绪。一经肢体接触之后，情形便可能大大改观，球员也许变得很能体谅教练的心情："教练虽然严厉，但终究是出于对我的一番好意！"

此外，与陌生人交谈，应态度谦和，有诚意，这样，感情就会渐渐融洽起来。我国有许多一见如故的美谈，许多朋友，都是由"生"变"故"和由远变近的，愿大家都多结善缘，广交朋友。善交朋友的人，会觉得四海之内皆朋友，面对任何人都没有陌生感。这里有不少方法可以学习。

1. 适时切入

看准情势，不放过应当说话的机会，适时插入交谈，适时地"自我表现"，能让对方充分了解自己。

交谈是双边活动，光了解对方，不让对方了解自己，同样难以深谈。陌生人如能从你"切入"式的谈话中获取教益，双方会更亲近。适时切入，能把你的知识主动有效地献给对方，实际上符合"互补"原则，奠定了"情投意合"的基础。

2. 借用媒介

寻找自己与陌生人之间的媒介物，以此找出共同语言，缩短双方距离。如见一位陌生人手里拿着一件什么东西，可问："这是……看来你在这方面一定是个行家。正巧我有个问题想向你请教。"对别人的一切显出浓厚兴趣，通过媒介物引导他们表露自我，交谈也能顺利进行。

3. 留有余地

留些空缺让对方接口，使对方感到双方的心是相通的，交谈是和谐的，进而缩短距离。因此，和陌生人的交谈，千万不要把话讲完，把自己的观点讲死，而应虚怀若谷，欢迎探讨。

不同的人、不同的心情，会有不同的需要。要想打动陌生人，就得不失时机地针对不同的需要，运用能立即奏效的心理战术。通过对方的眼神、姿势等来推测其当时的心思，再有效地运用，如运用拍肩、握手、拥抱等非语言沟通方式来传情达意，如果你懂得运用这些技巧，便能很快地拉近与陌生人的心理距离。

第十四章

如何赢得他人的赞同

抓住对方心理，把话说到点子上

要想让对方接受你的劝说，首先要了解对方的心理，再通过对方感觉不到的小小的压力，渐渐地使他消除戒备心理，这是很奏效的。

与人交谈时，话题的展开如果能迎合对方的心理，就能以更加牢固的纽带来连接双方心理上的"齿轮"，增进彼此的情感交流。我们往往都认为，只要说得有理，对方就一定能接受，但是，要使对方真正理解并能彻底接受，就应该将沟通渠道建立在这种理论对话下的心理对话上。

小吴大学毕业以后决心自谋职业。一次，他在一家报纸的广告里看到某公司征聘一位具有特殊才能和经验的专业人员。小吴没有盲目地去应聘，而是花费了很多精力，广泛收集该公司经理的有关信息，详细了解这位经理的奋斗史。那天见面之后，小吴这样开口：

"我很愿意到贵公司工作，我觉得能在您手下做事，是最大的光荣。因为您是一位依靠奋斗取得事业成功的人。我知道您28年前创办公司时，只有一张桌子、一位职员和一部电话机，经过您的艰苦奋斗，才有了今天的事业。您这种精神令我钦佩，我正是奔着这种精神才前来接受您的挑选的。"

所有事业有成的人，差不多都乐于回忆当年奋斗的经历，这位经理也不例外。小吴一下子就抓住了经理的心理，这番话引起了经理的共鸣。因此，经理乘兴谈论起他自己的成功经历。小吴始终在旁洗耳恭听，以点头来表示钦佩。最后，经理向小吴很简单地问了一些情况，终于拍板："你就是我们所需要的人。"

要想把话说到点子上，就必须抓住对方的心理。如果不知对方心里所想所需，是无法说到点子上的。就像一个神枪手，如果蒙上他的眼睛，再让他去找一个目标，那么，他只能凭感觉去打，这是难以击中目标的。所以，与人说话时，必须洞察、迎合对方的心理，才能说到点子上。

巧妙提问，让对方只能答"是"

在说服他人赞同自己的过程中，巧妙提问也是实现目的的一种重要手段。卡耐基就曾经举了一个有趣的例子：

假设有两个人在一间屋子里。你站在或坐在房间的里端，而他在房间的外端。接下来不妨做这样一个游戏。

在游戏中，你问他问题。每次你问他一个问题，如果他答"是"，他就向房间里端迈一步；如果他回答"不是"，他就向外退一步。

如果你想让他从房间的外端走到房间的里端，你最好的策略是不断地问他一系列他只能回答"是"的问题。你必须避免提出可能导致他回答"不是"的问题。

通过使用"只能回答'是'"的问题，你就可以轻而易举地做到这一点。一些封闭性问题，人们对它们的回答99.9%是肯定的。你让某人越多地对你说"是"，这个人就越可能习惯性地顺从你的要求。

比如，回想一位你经常同意其意见的朋友，你往往已经习惯于作肯定的表示。因此当这个人想劝说你做某事时，即使他还没有完全讲完他的请求，往往你已经决定这么去做了。

你肯定也认识通常你不同意其意见的人。此人的特点是经常听到你说"不"。当这个人开始要求你做某事时，你就会同多数人一样，在他还没有讲完他的请求之前，你就已经在琢磨用什么理由来说"不"，以便拒绝他的请求。

这些相近的倾向说明，让你想说服的人形成对你说"是"的习惯是多么重要。反过来也是如此。如果一个人已经习惯性地对你说"不"，不同意你的看法，那么你想成功地说服他的可能性几乎为零。

提出"只能回答'是'"的问题有个好办法，就是问你知道那个人会作肯定回答的事情。如果你愿意的话，你可以在问话里加上以下词语，如：

"是这样吧?"

"对吧?"

"你会同意吧?"

一位推销员问一位可能的买主："决定你是否购买这件设备的关键是其费用，是吧?"价格无疑是关键的。因此，这样的问题肯定会带来"是"的回答。或许就这样开始了让可能的买主对推销员养成作肯定回答的习惯。

换句话说，这位推销员可以问一位可能的顾客："设备的价格对你来说很重要吧?"这也是一个封闭型"只能回答'是'"的问题。对这样一个问题，几乎人人都会回答"是"。

当一位雇员想提醒同伴开始进行一个项目时，这位雇员可能提出这样"只能回答'是'"的问题："我们需要尽快完成这个项目，是吧?"这里，一个明确的声明："我们需要尽快完成这个项目"，跟着一个"只能回答'是'"的问题："是吧?"他要求得到一个"是"的回答。

这种"只能回答'是'"的问题已被反复证明是非常有用的。

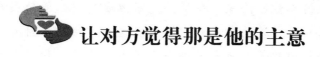

让对方觉得那是他的主意

你是否对自己的想法比别人给你提供的想法更有信心？如果是，那你为何要将自己的意见强加于他人呢？因为如果你的意见确实正确，事实终会证明这一点；如果你的意见不对，你非得强加于人，别人要么不大愿意接受，要么接受后对自己产生不利的后果，那你的意见不成了一种罪过吗？所以我们何不采取一种更好的策略：只向他人提供自己的看法，而由他最后得出结论！

没有人喜欢被迫购买或遵照命令行事。如果你想赢得他人的合作，就要征询他的愿望、需要及想法，让他觉得是出于自愿。

费城的亚道夫·塞兹先生，突然发现他必须给一群沮丧、散漫的汽车推销员灌输热忱。他召开了一次销售会议，要求这些推销员把他们希望从他身上得到的个性都告诉他。在他们说出来的同时，塞兹先生把他们的想法写在了黑板上，然后他说："我会把你们要求我的这些个性，全部给你们。现在，我要你告诉我，你们有什么权利从我这里得到东西。"回答来得既快又迅速：忠实、诚实、进取、乐观、团结，每天热忱地工作8小时。有一个人甚至自愿每天工作14个小时。会议之后，销售量上升得十分可观。

塞兹先生说："只要我遵守我的条约，他们也就决定遵守他们的。向他们探询他们的希望和愿望，就等于给他们的手臂打了他们最需要的一针。"

同样，陆军上校爱德华·荷斯的例子，用在此处也是很好的证明。

陆军上校爱德华·荷斯，在威尔逊总统时期，曾在许多重要事件上发挥了相当大的影响力。威尔逊十分倚重荷斯的见解，其重要性有时比其他阁员有过之而无不及。

荷斯是用什么方法去影响威尔逊总统的呢？他后来曾透露过这个秘密，那是经由亚瑟·史密斯在《星期六邮报》上发表出来的：

"我比较了解总统的脾气、个性之后，就比较知道该如何改变他的想法。"荷斯说道，"要想改变威尔逊总统的观念，最好是在无意间把一个观念深植在他脑海里。当然，这不但要先引起他的兴趣，而且要不违背他的利益。我也是在无意间发现这个方法的。因为有次我在白宫同他讨论一个政策，他本来相当反对我的看法，但几天之后，在一个晚宴上，他向别人提出了我的意见，只是那时已变成他的看法。"

荷斯是个聪明人，不在乎由谁来表达那个意见。荷斯要的是结果，所以，他便让威尔逊觉得那是他自己的看法，甚至连众人也觉得如此。

让我们再次记住：我们所碰到的许多人，都具有像威尔逊一样的性格。所以，让我们也采用荷斯上校的做法吧！

一次卡耐基正计划前往加拿大的纽布伦克省去钓鱼划船，便写信向观光局索取资料。一时间，大量信件和印刷品向他寄来，他不知该如何选择。后来，加拿大有个聪明的营地主人寄来一封信，内附许多姓名和电话号码，都是曾经去过他们营地的纽约人。只要卡耐基打电话询问这些人，便可详细明了他们营地所提供的服务。

卡耐基在名单上发现了一个朋友的名字，便打电话给那位朋友，询问种种事宜。最后，又打了个电话通知营地主人他到达的日期。

卡耐基说："有许多人想尽办法向我推销他们的服务，但有一个人让我推销了自己。那个营地主人赢了。"

确实如此，没有人喜欢被强迫着购买或遵照命令行事。我们宁愿出于自愿购买东西，或是按照我们自己的想法来做事。我们很高兴有人来探询我们的愿望、我们的需要，以及我们的想法。

众所周知，西奥多·罗斯福在担任纽约州长的时候，他一方面和政治领袖们保持良好的关系，另一方面强迫他们进行一些他们十分不高兴的改革。很多人都不解，他究竟是怎么做到的呢？看完下面的内容，相信你会找到答案。

当某一个重要职位空缺时，西奥多·罗斯福就邀请所有的政治领袖推荐接任人选。"起初，"罗斯福说，"他们也许会提议一个很差劲的党棍，就是那种需要'照顾'的人。我就告诉他们，任命这样一个人不是好政策，大家也不会赞成。

"然后他们又把另一个党棍的名字提供给我，这一次是个老公务员，他只求一切平安，少有建树。我告诉他们，这个人无法达到大众的期望。接着我又请求他们，看看他们是否能找到一个很适合这个职位的人选。他们第三次建议的人选，差不多可以，但还不太好。接着，我谢谢他们，请求他们再试一次，而他们第四次所推举的人我就可以接受了，于是他们提名一个我也会挑选的最佳人选。我对他们的协助表示感激，接着就任命那个人，还把这项任命归功于他们。"

记住，罗斯福尽可能地向其他人请教，让那些政治领袖觉得，他们选出了合适的人选，完全是他们自己的主意。无独有偶，发生在皮尔医师身上的一个例子也正好说明了这一点。

皮尔医师在纽约布鲁克林区的一家大医院工作，医院需要新添一套 X 光设备，许多厂商听到这一消息，纷纷前来介绍自己的产品，负责 X 光部门的皮尔医师因而不胜其扰。

但是，有一家制造厂商采用了一种很高明的技巧。他们写来一封信，内容如下：

我们的工厂最近生产了一套新型的 X 光设备。这批机器的第一部分刚刚运到我们的办公室来。它们并非十全十美，你知道，我们想改进它们。因此，如果你能抽空来看看它们，并提出你的宝贵意见，使它们能改进得对你们这一行业有更多的帮助，那我们将深为感激。我知道你十分忙碌，我会在你指定的任何时候，派我的车子去接你。

"接到信时真使我感到惊讶。"皮尔医师说道，"以前从没有厂商询问过他人的意见，所以这封信让我感到了自己的重要性。那一星期，我每晚都忙得很，但还是取消了一个约会，腾出时间去看了看那套设备，最后我发现，我愈研究就愈喜欢那套机器了。没有人向我兜售，而是我自己向医院建议买下那整套设备的。"

被尊为圣人的老子曾说过："江海之所以能为百谷王者，以其善下之，故能为百谷王。是以圣人欲上民，必以言下之；欲先民，必以身后之。是以圣人处上而民不重，处前而民不害。"

所以，如果你要说服别人，你就应该遵守说服的又一大原则：让别人觉得那是他们自己的主意。

第十五章

让别人信任自己

说话要抓住能够表示诚意的时机

一个参赛的棒球运动员，虽有良好的技艺、强健的体魄，但是如果他没有把握住击球的"决定性的瞬间"，或早或迟，棒就落空了。同样，你说话的内容无论如何精彩，但如果时机掌握不好，便难让对方注意到你的诚意，对方不仅不会对你产生信任感，你也无法达到说话的目的。因为听者的内心，往往随着时间的变化而变化。所以要让对方信任你，愿意听你的话，或者接受你的观点，或是与你进行深入的交流，你就应当选择适当的时机表示自己的诚意。

要知道，时机对交际者来说非常宝贵。但何时才是这"决定性的瞬间"，怎样才能判明并抓住它，没有一定的规律，主要是看当时的具体情况，凭经验和感觉而定。但这里有一个"切入"话题时机的问题。

交际场合往往会出现这种情况：有的人口若悬河，滔滔不绝，十分健谈；而有的人即使坐了半天，也无从插话，找不到话题。讲话要及时"切入"话题，首先必须找到双方共同关心的基本点。

杰克新买了一台洗衣机，因质量问题连续几次拉到维修站修理，都没有修好。后来，他找到商场经理诉说苦衷。

经理立即把正在看侦探小说的年轻修理工汤姆叫来，询问有关情况，并提出批评，责令其速同客户回去重修。

一路上，汤姆铁青着脸不说一句话。杰克灵机一动，问道："你看的《福尔摩斯》是第几集？"对方答道："第一集，快看完了，可惜借不到第二集。"杰克说："包在我身上。我家还有不少侦探小说，等一会儿你尽管借去看。"

紧接着，双方没有丝毫的不信任感，围绕着侦探小说你一言我一语，谈得津津有味，开始时的紧张气氛也消除了。后来，不但洗衣机修好了，两个人还成了好朋友。

切入话题除了要注意双方所关心的共同点，还要考虑在什么时候最好。

人们经过研究指出，在讨论会上，最好是在两三个人谈完之后及时切入话题，这样效果最佳。这时的气氛已经活跃起来，不失时机地提出你的想法，往往容易引起对方的关注。而要是先发言，虽可以在听众心中造成先入为主的印象，但时机过早，气氛还较沉闷，人们尚未适应而不愿随之开口；若是后讲，虽可进行归纳整理，井井有条，或针对别人的漏洞，发表更为完善的意见，但因时机太晚，人们都已感到疲倦，想尽快结束而不愿再拖延时间，也就不想再谈了。

想赢得他人信任的时候，要特别注意把时机选在对方心情比较平和的时候。因为场合、时机都与人的心境有关，把人的心境单独提出来，作为一个独立因素是必要的。开口说话之前，应先看看对方的脸色，看了脸色，再决定说什么话。这种所谓的"脸色"，不过是心境在脸部的一种反映而已。在人的心境不好时，"无所不愁"；心境好时，"无所不乐"。当你与人说话时，必须把这作为一个前提来考虑。

其实，无论多么严重的不信任感，其原因大多数是极其微小的。但是，不论它多么微小，如果有了不信任的萌芽，又任其发展，那么在以后和各种场合中，人们往往只听得进那些加强不信任感的信息，并让它逐渐成长发展起来。每个人都是一个多面的个体，即使对同一个人，感觉也不完全一样，有时有好感，有时又有厌恶之意。一旦对某人产生了不信任感，好感便会完全抹杀掉，只留下一片厌恶的记忆。

在大致可分为刚开始萌芽、处于发展中的不信任感和已经发展起来的不信任感中，其解决的方法也各有差异。这种差异并不是不信任感念头产生之后的时间差，确切地说，应该是已经发展为根深蒂固的不信任感与尚未达到这种程度的不信任感的差别。

对于刚开始萌芽、处于发展中的不信任感，应该尽早除掉。这就如同刚生长出来的杂草一样，刚出土时芽很嫩，容易受到外界的影响。所以，对于处在萌芽状态中的不信任感，只要你满怀诚意，一般都能迅速地将其消除。

一个懂得他人心理的调解人员，即使事故的责任主要在于受伤者，也不能马上对因家人受重伤而处于悲愤之中的家属进行调解。不论是挨骂还是受到冷落，都要以谦恭的态度给以安慰，满怀诚意地前去看望，以等待对方有关的人情绪稳定下来。即使对方的情绪稳定下来之后，他的不信任感本身也并未消除，因此，这时充满诚意的交涉态度才会收到较好的效果。掌握好表示这种诚意的时机，也是不可忽视的一个重要问题。

层层释疑，让对方放下心理包袱

无论是求人办事，还是想进一步发展彼此的交情，赢得他人信任是成功交际必不可少的基本条件。因为人的思想是复杂的，有时会对某些事情感觉不是很有把握，或对某一事物不理解、想不通，于是疑虑重重，这些往往是不可避免的。

想从根本上解决这一问题，就要求我们要善于以情定疑，把道理说透。一旦消除了这些疑虑，自然能赢得对方的信任。不过，消除别人的疑虑不是一件很容易的事情，而需要一点一点、层层递进，穷追不舍，把道理讲明白、讲透彻，这就是层层释疑的方法。

1921 年，美国百万富翁哈默听说苏联实行新经济政策，鼓励吸收外资，就打算去苏联做粮食生意。当时苏联正缺粮食，恰巧美国粮食大丰收。此外，苏联有的是美国需要的毛皮、白金、绿宝石，如果让双方交换，将是一笔不错的交易。哈默打定了主意，来到了苏联。

哈默到达莫斯科的第二天早晨，就被召到了列宁的办公室，列宁和他进行了亲切的交谈。粮食问题谈完以后，列宁对哈默说，希望他在苏联投资，经营企业。西方对苏联实行新经济政策抱有很深的偏见，搞了许多怀有恶意的宣传。哈默听了，心存疑虑，默默不语。

列宁当然看透了哈默的心事，于是耐心地对哈默讲了实行新经济政策的目的，并且告诉哈默："新经济政策要求重新发展我们的经济潜能。我们希望建立一种给外国人以工商业承租权的制度，来加速我们的经济发展。"经过一番交谈，哈默弄清了苏联吸引外资企业的平等互利原则，于是很想大干一番。但是不一会儿，他又动摇起来，想打退堂鼓。为什么？因为哈默又听说苏维埃政府机构人浮于事，手续繁多，尤其是机关人员办事拖拉的作风令人吃不消。当列宁听完哈默的担心后，立即又安慰他："官僚主义，这是我们最大的祸害之一。我打算指定一两个人组成特别委员会，全权处理这件事，他们会向你提供你所需要的帮助。"除此之外，哈默担心在苏联投资办企业，苏联只顾发展自己的经济潜能，而不注意保证外商的利益，以致外商在苏联办企业得不到什么实惠。当列宁从哈默的谈吐中听出这种忧虑，马上又把话说得一清二楚："我们明白，我们必须确定一些条件，保证承租的人有利可图。商人不都是慈善家，除非觉得可以赚钱，不然只有傻瓜才会在苏联投资。"列宁对哈默的一连串的疑虑，逐一进行释疑，一样一样地都给他说清楚，并且斩钉截铁，干脆利落，毫不含糊，把政策交代得明明白白，使得哈默的心里好像一块石头落了地。没过多久，哈默就成了第一个在苏联租办企业的美国人。

在交际中，当对方心存疑虑时，你若是想赢得对方的信任，最好采用层层释疑的方法，巧妙地解开对方的疑团，让对方放下心理包袱，那么彼此间的交往就会变得顺畅多了。

泄露自己的秘密是赢得信任的绝佳技巧

要赢得对方的信任，进而说服对方的方法是很多的，但其中很重要的一方面，就是说话必须有效果，要懂得说话的技巧和方法。

爱默生认为，不管一个人的地位如何低，都可以向他学习某些东西，因此每一个人跟他说话时，他都会侧耳聆听。相信在银幕外面时，没有一个人听过的话比卡耐基更多，只要是愿意说出个人体验的人，就算他所得到的人生教训微不足道，卡耐基仍然能够听得津津有味，始终不曾感到乏味。

有一次，有人请卡耐基训练班的教师，在小纸条上写下他们认为初学演说者所碰到的最大问题。经过统计之后发现，"引导初学者选择适当的题目演说"，这是卡耐基训练班上课初期最常碰到的问题。

什么才是适当的题目呢？假使你曾经具有某种生活经历和体验，经由经验和省思而使之成为你的思想，你便可以确定这个题目适合你。怎样去寻找题目呢？深入自己的记忆里，从自己的背景中去搜寻生命中那些有意义并给你留下鲜明印象的事情。

多年前，卡耐基根据能够吸引听众注意的题目，作了一番调查，发现最为听众欣赏的题目都与某些特定的个人背景有关，例如以下情况。

你的嗜好和娱乐：这方面的题目依各人所好而定，因此也是能引人注意的题材。说一件纯因自己喜欢才去做的事，是不可能会出差错的。你对某一特别嗜好发自内心的热忱，能使你把这个题目清楚地交代给听众。

幼年时代与奋斗的经历：像有关家庭生活、童年时的回忆、学生时代的话题，以及奋斗的经历，几乎都能赢得听众的注意，因为几乎所有的人，都很关心其他人在各自不同的环境中，如何碰到障碍，以及如何地克服它。

年轻时代的力争上游：这种领域的话题，颇富有人情味以及趣味。为了争口气，在社会上扬眉吐气，这种力争上游的经过，必能牢牢地抓住听众的心。你如何争取到现在的工作，如何创办目前的事业，是什么动机促成你今日的成就，这些都是受到欢迎的好题材。

特殊的知识领域：在某一领域工作多年，你一定可以成为这方面的专家。即使根据多年的经验或研究，来讨论有关自己工作或职业方面的事情，也可以获得听众的注意与尊敬。

不同寻常的经历：你碰到过大骗子吗？战争中曾经受过炮火的洗礼吗？经历过精神方面的危机吗？诸如这些经验，都能够成为很好的谈话题材。

因此，你可以用下面的方法赢得听众的信任：

1. 说自己经历或考虑过的事情

若干年前，卡耐基训练班的教师们，在芝加哥的希尔顿饭店开会。会中，一位学员这样开头："自由、平等、博爱，这些是人类字典中最伟大的思想。没有自由，生命便无法存活。试想，如果人的行动自由处处受到限制，那会是怎样的一种生活？"

一说到这儿，他的老师便明智地请他停止，并问他何以相信自己所言。老师问他是否有什么证明或亲身经历，可以支持他刚才所说的内容。于是他告诉了我们一个真实感人的故事。

他曾是法国一名地下斗士。他告诉我们，他与家人在纳粹统治下所遭受的屈辱。他以鲜明、生动的词语，描述了自己和家人是如何逃过秘密警察的搜查并最终来到美国的。他是这样结束自己的讲话的：

"今天，我走过密歇根街来到这家饭店，我能随意地自由来去。我经过一位警察的身边，他也并不注意我。我走进饭店，也不需出示身份证。等会议结束后，我可以按照自己的选择前往芝加哥的任何地方。因此请相信，自由值得我们每个人为之奋斗。"

此时，全场观众起立并报以热烈的鼓掌。

2. 讲述生命对自己的启示

诉说生命启示的演说者，绝不会吸引不到听众。卡耐基从经验中得知，很不容易让演说者接受这个观点——他们避免使用个人经验，以为这样太琐碎，太有局限性。他们宁愿上天下地去扯些一般性的概念及哲学原理。可悲的是，那里空气稀薄，凡夫俗子无法呼吸。人们都会关注生命，关注自我，因此当你去诉说生命对你的启示时，他人自然会成为你的忠实听众。

3. 真切显露你的诚意

这里有个问题，即你以为合适的题目，是否适合当众讨论。假设有人站起来直言反对你的观点，你是否会信心十足、热烈激昂地为自己辩护？如果你会，你的题目就对了。

第十六章

如何获得别人的好感

微笑，赢得他人好感的法宝

微笑是人际交往的通行证，是打开每个心门的钥匙。在与人交流中，主动报以微笑，不仅能迅速拉近彼此心与心的距离，还能赢得他人的好感。

飞机起飞前，一位乘客请求空姐给他倒一杯水服药。空姐很有礼貌地说："先生，为了您的安全，请稍等片刻，等飞机进入平稳飞行状态后，我会立刻把水给您送过来，好吗？"15分钟后，飞机早已进入平稳飞行状态。突然，乘客服务铃急促地响了起来，空姐猛然意识到：糟了，由于太忙，忘记给那位乘客倒水了。空姐来到客舱，看见按响服务铃的果然是刚才那位乘客。她小心翼翼地把水送到那位乘客跟前，面带微笑地说："先生，实在对不起，由于我的疏忽，延误了您吃药的时间，我感到非常抱歉。"这位乘客抬起左手，指着手表说道："怎么回事，有你这样服务的吗？"无论空姐怎么解释，这位挑剔的乘客都不肯原谅她的疏忽。

在接下来的飞行途中，为了补偿自己的过失，每次去客舱为乘客服务时，空姐都会特意走到那位乘客面前，面带微笑地询问他是否需要帮助。然而，那位乘客余怒未消，摆出一副不合作的样子。

临到目的地前，那位乘客要求空姐把留言本给他送过去。很显然，他要投诉这名空姐。飞机安全降落，所有的乘客陆续离开后，空姐紧张极了，以为这下完了。没想到，她打开留言本，却惊喜地发现，那位乘客在留言本上写下的不是投诉，相反是一封热情洋溢的表扬信："在整个过程中，你表现出的真诚的歉意，特别是你的十二次微笑，深深地打动了我，使我最终决定将投诉信写成表扬信。你的服务质量很高，下次如果有机会，我还将乘坐你们这趟航班。"空姐看完信，激动得热泪盈眶。

在人际交往中，我们要赢得他人的好感，必须学会微笑，像故事中的那位空姐一样，用自己迷人的微笑来赢得他人的好感。微笑就像温暖人们心田的太阳，没有一块冰不会被融化。要带着真心、诚心、善心、爱心、关心、平常心、宽容心等去微笑，别人就会感受到你的心意，被你这份心感动。微笑可以使你摆脱窘境，化解彼此的误会，并且可以体现你的自信和大度。

在现实生活中，微笑能化解一切冰冷的东西，容易获得他人的好感。如朋友、同事之间的吵架、误解，家人、邻居之间的矛盾，恋人、兄弟之间的隔阂等，都可以一笑了之，一笑泯恩仇。所以，人际交往中，不管是遇到什么困难，遇到多么尴尬的事情，都要常常告诉自己要"微笑"，没有什么事情不能用微笑化解，只要你是真心的！

俗话说，"伸手不打笑脸人"，微笑能够化解矛盾和尴尬，取得意想不到的效果。微笑是人与人之间最短的距离，纵使再远的时空阻隔，只要一个微笑就能拉近彼此的心灵距离。当别人取笑你时，用微笑还击他，笑他的无知；当对方愤怒时，用微笑融化他，他会知道自己是在无理取闹；当彼此发生误解、争执不休时，用微笑打破僵局，你会发现事情其实并不像你想象的那么复杂和严重……

微笑是人际交往的通行证，没有一个人不喜欢和微笑的人打交道！

适时附和，更容易讨对方欢心

我们都知道，多听别人说，自己才会了解得到对方更多的信息。然而，不是每个听力正常的人都懂得倾听的艺术，尤其是想讨对方欢心的时候，仅仅靠听是完全不够的，更重要的是要会适时附和对方。不信，看看下面的例子就知道了。

有人做过这样一个实验，来证明听者的态度对说者有着极大的影响。

实验者让学生表现出一副心不在焉的样子，结果上课的教授照本宣科，不看学生，无强调，无手势；让学生积极投入——倾听，并且开始使用一些身体语言，如适当的身体动作和目光的接触，结果教授的声调开始出现变化，并加入了必要的手势，课堂气氛生动起来。

由此看出，当学生表现出一副心不在焉的样子，教授因得不到必要的反应而变得满不在乎起来。当学生改变态度，用心去倾听时，其实是从一个侧面告诉教授：你的课讲得好，我们愿意听。这就是无声的赞美，并且起到了积极的效果。

从上面的例子也可以看出，倾听时加入必要的身体语言，是非常有必要的。

行动胜于语言。身体的每一部分都可以显示出激情、赞美的信息，可增强、减弱或躲避、拒绝信息的传递。精于倾听的人，是不会做一部没有生气的录音机的，他会以一种积极投入的状态，向说话者传递"你的话我很喜欢听"的信息。

录音机是没有眼睛的，俗语说，眼睛是心灵的窗口。适当的眼神交流可以增强听的效果。这种眼神是专注的，而不是游移不定的；是真诚的，而不是虚伪的。发自灵魂深处的眼神是动人心魄的。

录音机做不了"小动作"，倾听者则必须做一些"小动作"。身体向着对方稍微前倾，表示你对说者的尊敬；正向对方而坐，表明"我们是平等的"，这样可使职位低者感到亲切，使职位高者感到轻松。自然坐立，手脚不要交叉，否则会让对方认为你傲慢无礼。倾听时和说话人保持一定的距离，恰当的距离给人以安全感，使说话者觉得自然。动作跟进要合适，太多或太少的动作都会让说者分心，让他认为你厌烦了。正确的动作应该跟说话者保持同步，这样，说话者一定会把你当作"知心爱人"。

倾听并不意味着默默不语，除了做一些必要的"小动作"，还得动一动自己的嘴。恰当的附和不但表示了你对说者观点的赞赏，而且对他暗含鼓励之意。

当你对他的话表示赞同时，你可以说："你说得太好了！""非常正确！""这确实让人生气！"等。

这些简洁的附和，让说话者为想释放的情感找到了载体，表明了你对他的理解和支持。

同时，听者可以用一些简短的语句，将说者想传达的中心话题归纳一下，这样能够使说者的思想得以突显和升华，同时能提高听者的位置。

当然，我们还可以向说者提一些问题。这些提问既能表明你对说者话题的关注，又能使说者更愿意说出欲说无由的得意之言，也更愿意与你进一步交流。

一位老教授与门下的 5 名学生，闲聊着自己当年读研时候的杂事，他说："你们现在的生活可真丰富，校园内有体育馆，校园外有游乐园。我当年在你们这个阶段，生活的世界里只有课堂、图书馆和宿舍。"学生们微微一笑，导师继续说道："不过，那个时候精力都用在读书上也好，搞科研嘛，基础知识不扎实根本无法谈及创新。我还记得一个课题，是关于青藏高原地质变迁的问题，当时我不仅要查自然地理方面的书，还要查很多地质演变与生物演化方面的书。当时科技根本没有现在这么发达，哪里有什么计算机、文献电子稿啊，完全依靠图书馆里纸质的资料，可比你们现在做项目难多喽！"说着，教授停顿了下来，拿起茶杯饮了两口。这时，其中一个专心倾听的学生礼貌地问道："老师，您当年的研究方向是青藏高原的地质变迁问题，可参考资料涉及区域内的生物演化，当时是不是很少有人将这两个角度结合考虑？"听完，教授会心地看了看这位"好问"的学生，然后得意地说道："很多时候，没人想到的地方你想到了，才会有意外的收获，才能够创新。不信，我们来举个现在的例子，就说说你现在的课题吧！"接着，教授在得意于自己创意思考的同时，更为那名巧妙提问的学生进行了很有创意的课题指导，而那4名只知道倾听的学生，没得到教授丝毫的专门指导……

不仅如此，附和地倾听本身还是一种赞美。它能使我们更好地理解别人，有助于克服彼此间判断上的倾向性，有利于改善交往关系。在入神地倾听别人谈话时，你已经把你的心呈现给了对方，让对方感受到了你的真诚。我们去倾听别人的时候，也就是我们设身处地地理解他们的幸福、痛苦与欢乐的时候，使我们能够把对方的优点和缺点看得更清楚。而这些结论再通过我们有效的附和，来传达到对方心里，这才能算是一次完美的交流。

入神地倾听并在适当的时间附和，也有利于对方更好地表达自己的思想和情感。在对方明白我们的倾听是对他的尊重以后，他同样会认真地听我们说话，这样彼此的交流才能产生良好的效果。

所以，与他人交谈的时候，你若想讨对方欢心，想把交流愉快地延续下去，那么，请不要只是傻傻地倾听，要学着适时地附和。

不同人要区别对待

中国有句俗语："到什么山唱什么歌，见什么人说什么话。"说话不看对象，常常让别人无法理解自己的本意，从而在无形之中与别人拉开了距离。反之，了解了对方的情况，并依据其情况，寻找与之相适应的话题和谈话内容，双方就会觉得谈话比较投机，彼此在距离上也显得比较亲切。对方会觉得你是一个极具亲和力的人，从而愿意与你相处。

1. 看对方的身份、地位说话

几乎没有一个人，在说话的时候是不考虑彼此的身份的。不分对象，不看对方身份，都用一样的口气说话，是幼稚无知的表现。下级对上级、晚辈对长辈、学生对老师、普通人对有名气地位的人等，不必表现得屈从、奉迎。但在言谈举止上不要过于随便，有必要表现得更加尊重一些。在不是十分严肃、隆重的场合，身份较高的人对身份较低的人说话，越随和风趣越好；而身份较低的人对身份较高的人说话，不宜太过随便，尤其在公众场合，说话要恰如其分地把握好自己与听者的身份差别。地位是指个人在团体组织中担负的职位和在社会关系中所处的位置。个人的社会地位不同，就会有不同的人生经历、社会职责和交际目的，对口才表达也会产生不同的需求。

2. 针对对方的特点说话

和人交谈要看对方的身份、地位，还要看对方的性格特点，针对他的不同特点，采取不同的说话方式，这样才有利于解决问题。

中国春秋时期的纵横家鬼谷子先生指出："与智者言，依于博；与博者言，依于辩；与辩者言，依于要；与贵者言，依于势；与富者言，依于豪；与贫者言，依于利；与贱者言，依与谦；与勇者言，依于敢；与愚者言，依于锐。"意思是说，和聪明的人说话，须凭见闻广博；与见闻广博的人说话，须凭言辞犀利；与地位高的人说话，态度要轩昂；与有钱的人说话，言辞要豪爽；与穷人说话，要动之以利；与地位低的人说话，要谦逊有礼；与勇敢的人说话，不要怯懦；与愚笨的人说话，可以锋芒毕露。

3. 摸准别人的心理说话

通过对手无意中显示出来的态度及姿态，了解他的心理，有时能捕捉到比语言表露更真实、更微妙的思想。

例如，对方抱着胳膊，表示在思考问题；抱着头，表明一筹莫展；低头走路，步履沉重，说明他心灰气馁；昂首挺胸，高声交谈，是自信的流露；真正自信而有实力的人，反而会探身谦虚地听取别人的讲话；抖动双腿，常常是内心不安、苦思对策的举动；若是轻微颤动，就可能是心情悠闲的表现。

对倾听对象的了解，不能停留在静观默察上，还应主动侦察，采用一定的策略，才能够迅速准确地把握对方的思想脉络和动态，从而顺其思路进行引导，这样的交谈易于成功。

针对不同的对象，谈话或倾听应考虑以下几个方面。

（1）年龄差异。对年轻人应采用煽动性的语言；对中年人应讲明利害，以供他们斟酌；对老年人应以商量的口吻，尽量表示尊重的态度。

（2）性别差异。男性需要采取较强有力的劝说语言，女性则可以温和一些。

（3）地域差异。生活在不同地域的人，所采用的劝说方式也应有所差别。北方人表现得粗犷一些，南方人则表现得细腻一些。

（4）职业差异。要运用与对方所掌握的专业知识关联较紧密的语言与之交流，这样对方对你的信任感就会大大增强。

（5）文化程度差异。一般来说，对文化程度低的人所采用的方法应简单明确，多使用一些具体数字和例子；对文化程度较高的人，则可采用抽象说理方法。

（6）性格差异。若对方性格豪爽，便可单刀直入；若对方性格迟缓，则要"慢工出细活"；若对方生性多疑，切忌处处表白，应不动声色，使其疑惑自消。

（7）兴趣爱好差异。凡是有兴趣爱好的人，当你谈起有关他的爱好这方面的事情时，他都会兴致盎然。同时，无形中对你会产生好感，为你找人办事打下良好的基础。

4. 视对方的文化层次说话

与人说话沟通必须看清对方的文化层次。埋头做事者常常是事业心很强或对某事很感兴趣的人，一旦开始做事，便全身心投入，不愿再见他人。这种人往往惜时如金，爱时如命，铁面无情。要敲开这种人的门，首先，不要怕碰"钉子"；其次，要有足够的耐性，并且要善于区分不同情况，再对症下药。

毕加索之子小科劳德的母亲弗朗索瓦兹·吉洛特十分爱好绘画，一入画室便不容有人打扰。一次她正在作画，儿子想让妈妈带他去玩，便敲响了门。可吉洛特已全身心投入到了绘画上，听到敲门声和儿子的喊声，只是回应了一声"哎"，仍旧埋头作画。停了一会儿，门还没开，儿子又说："妈妈，我爱你。"可得到的回应也只是"我也爱你呀，我的宝贝儿"。

门还是没开，儿子又说："我喜欢你的画，妈妈。"

吉洛特高兴了，她答道："谢谢！我的心肝，你真是个小天使。"可仍旧不去开门。儿子又说："妈妈，你画得太美了。"吉洛特停下笔，但没有说话，也没有动。儿子又说："妈妈，你画得比爸爸好。"吉洛特的画当然不会比丈夫——绘画艺术大师毕加索画得更好，但儿子的话句句说到了她的心里，她也从儿子那夸大的评价中感到了儿子的迫切心情，于是把门打开了。

自命清高者常常是洁身自好的墨客或仕途失意的文人，或者是那些自命不凡、看破红尘的人。这种人文化层次一般都较高，他们自以为比别人高明，不愿与常人交往，却希望同有才华的人结交。因此要顺利地叩开这种人的大门，最有效的办法就是善于表现自己，设法展示出自己的才华，引起他们的爱才心理。

第十七章
这样让对方帮忙才不会被拒绝

满足对方的心理是求其办事最好的铺垫

中国有句俗话，叫"篱笆立靠桩，人立要靠帮"。一个人要想一生有所成就，就必须有求人办事的能力。这个话题，说起来很简单，可真正实施起来，又有多少人能得心应手呢？我们常能听到这样的唠叨，"低三下四求人也未必求得动""软磨硬泡就算求动了，人家也是不情愿，根本不会给你好好办"……

难道我们就不能让人家心甘情愿地帮忙吗？当然不是。有求于人，你必须明确，要对方帮你，唯一有效的、事半功倍的方法，就是使他情愿。那么，我们怎样才能让他人心甘情愿地"为我所用"呢？这就需要心理技巧了。

人的需要是各不相同的，每个人都有各自的癖好与偏爱。你首先应当用自己的计划去满足别人的心理，然后你的计划才有实现的可能。

例如，说服别人最基本的要点之一，就是巧妙地诱导对方的心理或感情，以使他人就范。如果你特别强调自己的优点，企图使自己占上风，对方反而会加强防范心。所以，应该注意先点破自己的缺点或错误，使对方产生优越感。

关于这一点，曾有一个非常有趣的故事：

有一位年轻人是美国有名的矿冶工程师，毕业于美国的耶鲁大学，又在德国的佛莱堡大学拿到了硕士学位。当年轻人带齐了所有的文凭，去找美国西部的一位大矿主求职的时候，却遇到了麻烦。那位大矿主是个脾气古怪又很固执的人，他自己没有文凭，所以就不相信有文凭的人，更不喜欢那些文质彬彬又专爱讲理论的工程师。当年轻人前去应聘并递上文凭时，满以为老板会乐不可支，没想到大矿主很不礼貌地对年轻人说："我之所以不想用你，就是因为你曾经是德国佛莱堡大学的硕士，你的脑子里装满了一大堆没有用的理论，我可不需要什么文绉绉的工程师。"聪明的年轻人听了不但没有生气，反而心平气和地回答说："假如你答应不告诉我父亲的话，我要告诉你一个秘密。"大矿主表示同意，于是年轻人对大矿主小声说："其实我在德国的佛莱堡并没有学到什么，那三年就好像是稀里糊涂地混过来一样。"想不到大矿主听了却笑嘻嘻地说："好，那明天你就来上班吧。"就这样，年轻人在一个非常顽固的人面前通过了面试。

或许你觉得那个大矿主心理有问题，观念比较偏激、夸张，甚至有些滑稽，可年轻的工程师若不让矿主的"问题心理"得到满足，又怎么能让他聘请自己呢？

美国著名政治家帕金斯，30岁那年就任芝加哥大学校长，有人怀疑他那么年轻，是否能胜任大学校长的职位。帕金斯知道后只说了一句："一个30岁的人所知道的是那么少，需要依赖他的助手兼代理校长的地方是那么的多。"就这短短一句话，使那些原本怀疑他的人一下子就放心了。人们遇到了这样的情况，往往喜欢尽量表现出自己比别人强，或者努力地证明自己是有特殊才干的人，然而一个真正有能力的领袖是不会自吹自擂的，所谓"自谦则人必服，自夸则人必疑"就是这个道理。

在办事过程中，你要努力做到这点——先在心理上满足对方，这样事情就会变得简单、顺利多了。

适当转移话题，调动对方的谈兴

适当转移话题，调动对方的谈兴，也是求人办事过程中常用的一种方法。

比如，有些事通过直言争取对方的应允已告失败，或在自己争取之前，就已经明确了对方不肯允诺的态度，在这种情况下，就应该采取委屈隐晦、转移话题的办法了。"委屈"就是不直接出面或不直取目的，而是绕开对方不应允的事情，通过另外一个临时拟定的虚假目的做幌子，让对方接受下来。当对方进入自己设定的圈套之后，自己的真实目的也就达到了。所谓"隐晦"，就是掩盖自己的真实目的，以虚掩实，让对方无从察觉。表面上好像自己没有什么企图，或者让对方感到某种企图并非始于自己，而是另外一个人。这样，对方可能就不再有戒备和有所顾虑了，要办的事情处在这种无戒备和无顾虑的状态中，显然要好办得多。

委屈、隐晦的最大特点就是含而不露或露而不显，在具体运用时有些小窍门需要认真领悟。

在运用这种技巧时，说话者首先要了解听者的心理和情感，这是说者必须掌握的说话技巧的基础。我们也只有在了解听者的心理和情感的基础上，才能正确地选择某个场合该讲什么，不该讲什么，哪些话题能够打动听众的心坎儿，能使听众产生共鸣。

人的情感是内心世界的一种东西，一般是捉摸不定、较难把握的。但是，在有些场合，人的内心的东西又常通过各种方式而外露。如果我们善于观察听者的一举一动，并能据此加以分析和推测，那么，我们基本上是可以掌握听者的心理和情感的。

某中学老师悉心钻研中国古典文学，出版了近20万字的一本有关诗歌的书籍。该校的文学社小记者得到情况后，就到这位老师家采访。

让老师介绍写书经验。只见那位老师面带难色，认为只是一个专题学习，谈不上什么经验。

小记者抬头望着墙上的隶书说："老师，这隶书是您写的吧?"

老师回答："是的!"

小记者问："那么请您谈谈隶书的特点，好吗?"

这正是老师感兴趣和愿意谈的话题。师生之间的感情逐渐变得融洽起来。

这时，小记者不失时机地说："老师，您对隶书很有研究，我们以后还要请您多加指导。不过，我们现在十分想听听您是怎样写成《中国诗歌发展史》这本书的。"此刻，老师深感盛情难却，也就只好加以介绍了。

由此可见，当某个话题引不起对方的兴趣时，要有针对、有选择地挑选新的话题，以激起对方的谈兴。如同运动员谈心理与竞技的关系，同外交人员谈公共关系学，两个人肯定会一拍即合，谈兴大发。

值得注意的是，换话题以后，劝说者还要注意，在适当时机及时将话头引入正题。因为换话题只是为了给谈正题打下感情基础，而非交谈的真正目的。所以，当所换之题谈兴正浓，双方感情沟通到一定程度时，劝说者就要适可而止，将话锋转入正题。

20 世纪 80 年代，广东省某玻璃厂，就玻璃生产的有关事项同国外某玻璃公司进行谈判。在谈判过程中，双方在全套设备同时引进还是部分引进的问题上出现分歧，各执一端，互不相让，使谈判陷入僵局。在这种情况下，中方玻璃厂的首席代表，为了使谈判达到预定的目标，决定主动打破这个僵局。可是怎么才能使谈判出现转机呢? 谈判代表思索了一会儿，带着微笑，换了一种轻松的语气，避开争执的问题，向对方说："你们公司的技术、设备和工程师都是一流的。用一流的技术、设备与我们合作，我们能够成为全国第一。这不单对我们有利，而且对你们也有利。"

对方公司的首席代表是位高级工程师，一听到称赞自己公司的技术、设备和工程技术人员，便十分高兴，谈判的气氛一下子就轻松起来了。中方代表看到对方表示出兴趣，则趁势将话题又一转，说道：

"但是，我们厂的外汇的确有限，不能将贵公司的设备全部引进。现在，我们知道，法国、比利时和日本都在跟我们北方的厂家搞合作，如果你们不尽快跟我们达成协议，不投入最先进的技术和设备，那么你们就可能失去中国的市场，人家也会笑你们公司无能。"

由于我方代表成功地奏出投其所好、开诚布公、国际竞争扭转局面的三部曲，使双方的僵持局面完全被打破，在和谐的气氛中，双方在一个新的起点上进一步讨论，最后终于达成了对我方有利的协议。

因此，当你与别人的交谈进入某种僵局时，你最好采取适当转移话题的办法，从另一个角度同对方谈话，以此调动对方的谈兴。在不知不觉中，你再把话题拉回来，顺利办成你想办之事。

激起对方同情心，打动他易成事

大多数人具有同情心，即使铁石心肠的人也不例外。同情能够加深别人对你的理解，因此求人办事不妨利用一下别人的同情心。

在很多时候，用感情打动别人，激起别人的同情心，比一味滔滔不绝地讲大道理会更有效果。

一位遭人欺凌的受害者，在向某领导告状时十分冲动，口出狂言、污语，使得这位领导很是反感，因而，问题迟迟不予解决。后来，此人绝望了，痛苦不堪，几欲轻生，反倒引起了这位领导的同情与重视。

当然，这并不是说，凡是告状者都要摆出一副可怜兮兮的样子。而是说，告状者在请求解决问题时，应该调动听者的同情心，使听者首先从感情上与他靠近，产生共鸣。这就为问题的解决打下了基础。人心都是肉长的，只要将受害的情况和内心的痛苦如实地说出来，处理者都是会动心的。

同情心可以促进当权者对受害人的理解，但并不等于说，马上就会下定处理的决心。因为处理者要考虑多方面的情况，有时会处于犹豫之中，甚至会抱着多一事不如少一事的态度，不想过问。这时候，当事人就得努力激发处理者的责任感，要使处理者知道，这是在他职责范围以内的事，他有责任处理此事，而且能够处理好此事。

一天，一位老妇人向正在律师事务所办公的林肯律师哭诉她的不幸遭遇。原来，她是位孤寡老人，丈夫在独立战争中为国捐躯，她只能靠抚恤金维持生活。可前不久，抚恤金出纳员勒索她，要她交一笔手续费才可领取抚恤金，而这笔手续费等于抚恤金的一半。林肯听后十分气愤，决定免费为老妇人打官司。

法院开庭后，由于出纳员是口头勒索的，没有留下任何凭据，因而指责原告无中生有，形势对林肯极为不利。但他仍旧十分沉着和坚定，他眼含着泪花，回顾了英帝国主义对殖民地人民的压迫，爱国志士如何奋起反抗，如何忍饥挨饿地在冰雪中战斗，为了美国的独立而抛头颅，洒热血的历史。

最后，他说："现在，一切都成为过去。1776 年的英雄早已长眠地下，可是他们那衰老而又可怜的夫人，就在我们面前，要求申诉。这位老妇人从前也是位美丽的少女，曾与丈夫有过幸福的生活。不过，现在她已失去了一切，变得贫困无靠。然而，某些人还要勒索她那一点微不足道的抚恤金，有良心吗？她无依无靠，不得不向我们请求保护时，试问，我们能熟视无睹吗？"

法庭里充满哭泣声，法官的眼圈也发红了，被告的良心也被唤醒，再也不矢口否认了。法庭最后通过了保护烈士遗孀不受勒索的判决。

没有证据的官司很难打赢，然而林肯成功了。这应归功于他的情绪感染，激起了听众及被告的同情心，达到了理智与情绪的有机统一，收到了征服人心的作用。

第十八章
说"不"字的诀窍

通过暗示，巧妙说"不"

很多时候，我们不得不拒绝别人，但是怎样将这个难说的"不"说出口呢？暗示，是一种不错的选择。

美国出版家赫斯脱在旧金山办第一张报纸时，著名漫画大师纳斯特为该报创作了一幅漫画，内容是唤起公众来迫使电车公司在电车前面装上保险栏杆，防止意外伤人。然而，纳斯特的这幅漫画完全是失败之作。发表这幅漫画，有损报纸质量。但不刊登这幅画，怎么向纳斯特开口呢？

当天晚上，赫斯脱邀请纳斯特共进晚餐，先对这幅漫画大加赞赏，然后一边喝酒，一边喋喋不休地自言自语："唉，这里的电车已经伤了好多孩子，多可怜的孩子，这些电车，这些司机简直不像话……这些司机真像魔鬼，瞪着大眼睛，专门搜索着在街上玩的孩子，一见到孩子们就不顾一切地冲上去……"听到这里，纳斯特从坐椅上弹跳起来，大声喊道："我的上帝，赫斯脱先生，这才是一幅出色的漫画！我原来寄给你的那幅漫画，请扔入纸篓。"

赫斯脱就是通过自言自语的方式，暗示纳斯特的漫画不能发表，让纳斯特欣然地接受了意见。

另外，通过身体动作可以把自己拒绝的意图传递给对方。当一个人想拒绝对方继续交谈时，可以做转动脖子、用手帕拭眼睛、按太阳穴以及按眉毛下部等漫不经心的小动作。这些动作意味着一种信号：我较为疲劳、身体不适，希望早一点停止谈话。显然，这是一种暗示拒绝的方法。此外，微笑的中断、较长时间的沉默、目光旁视等，也可表示对谈话不感兴趣、内心为难等心理。

一天，为了配合下午的访问行程，小王想把甲公司的访问在中午之前结束，然后依计划，下午第一个目标要到乙公司拜访。但是，甲公司的科长提出了邀请：

"你看，到中午了，一起吃中饭吧！"

小王与甲公司这位科长平常交情不错，又是非常重要的客户。不能轻易地拒绝。但是，和这位爱聊天的科长一起吃中饭，最快也要磨蹭到下午1点才能走。小王怎样才能不伤和气地拒绝呢？

答案就是在对方表示"要不要一起吃饭"之前，小王就不经意地用身体语言表示出匆忙的样子，例如，说话语速加快或自然地看看表等。但要记住，这种时候千万不要提早露出坐立不安的神情，急得让人怀疑你合作的诚心。

巧妙地学会用暗示的方法拒绝别人，让对方明白你在说"不"，不仅能把事情办妥，而且不伤和气。

先承后转，让对方在宽慰中接受拒绝

日常生活中，我们经常会遇到这样的情况，对方提出的要求并不是不合理，但因条件的限制无法予以满足。在这种情况下，拒绝的言辞可采用"先承后转"的形式，使其精神上得到一些宽慰，以减少因遭拒绝而产生的不愉快。

李刚和王静是大学同学，李刚这几年做生意虽说挣了些钱，但也有不少的外债。两个人毕业后一直没有来往，一天，王静突然向李刚提出借钱的请求。李刚很犯难，借吧，怕担风险；不借吧，同学一场，又不好张口。思忖再三，最后李刚说："你在困难时找到我，是信任我，瞧得起我，但不巧的是我刚刚买了房子，手头一时没有积蓄，你先等几天，等我过几天账结回来，一定借给你。"

有的时候，对方可能会急于事成而相求，但是你确实又没有时间，没有办法帮助他，这个时候一定要考虑到对方的实际情况和他当时的心情，一定要避免使对方恼羞成怒，以免造成误会。

拒绝还可以从感情上先表示同情，然后表明无能为力。

黄女士在民航售票处担任售票工作，由于经济的发展，乘坐飞机的旅客与日俱增，黄女士时常要拒绝很多旅客的订票要求。黄女士每每带着非常同情的心情对旅客说："我知道你们非常需要坐飞机，从感情上说，我也十分愿意为你们效劳，使你们如愿以偿，但票已订完了，实在无能为力。欢迎你们下次再来乘坐我们的飞机。"黄女士的一番话，叫旅客再也提不出意见来。

先扬后抑这种方法也可以说成一种"先承后转"的方法，这也是一种力求避免正面表述、间接拒绝他人的方法。先用肯定的口气去赞赏别人的一些想法和要求，然后来表达你需要拒绝的原因，这样你就不会直接地伤害对方的感情和积极性了，而且能使对方更容易接受你，同时为自己留下一条退路。

　　一般情况来说，你还可以采用下面这些话来表达你的意见：

　　"这真的是一个好主意，只可惜由于……我们不能马上采用它，等情况好了再说吧！"

　　"这个主意太好了，但是如果只从眼下的这些条件来看，我们必须放弃它，我想我们以后肯定是能够用到它的。"

　　"我知道你是一个体谅朋友的人，你如果对我不十分信任，认为我没有能力做好这件事，那么你是不会找我的，但是我实在忙不过来了，下次如果有什么事情，我一定会尽我的全力来支持你。"

艺术地下逐客令，让其自动退门而归

有朋来访，促膝长谈，交流思想，增进友情，是生活中的一大乐事，也是人生道路上的一大益事。宋朝著名词人张孝祥在跟友人夜谈后，忍不住发出了"谁知对床语，胜读十年书"的感叹。然而，现实中也会有与此截然相反的情形。下班后吃过饭，你希望静下心来读点书或做点事，那些不请自来的"好聊"分子，又要扰得你心烦意乱了。他唠唠叨叨，没完没了，一再重复你毫无兴趣的话题，还越说越来劲。你勉强敷衍，焦急万分，极想对其下逐客令，但又怕伤了感情，故而难以启齿。

但是，你"舍命陪君子"，就将一事无成，因为你最宝贵的时间，正在白白地被别人占用着。鲁迅先生说："无端地空耗别人的时间，无异于谋财害命。"任何一个珍惜时间的人都不甘任人"谋财害命"。

那要怎样对付这种说起来没完没了的常客呢？最好的对付办法是，运用高超的语言技巧，把"逐客令"说得美妙动听，做到两全其美；既不挫伤好话者的自尊心，又使其变得知趣。要将"逐客令"下得有人情味，可以参考以下方法。

1. 以婉代直

用婉言柔语来提醒、暗示滔滔不绝的客人：主人并没有多余的时间跟他闲聊胡扯。与冷酷无情的逐客令相比，这种方法容易被对方接受。

2. 以写代说

有些"嘴贫"（方言，指爱乱侃）的人对婉转的逐客令可能会意识不到。对这种人，可以用张贴字样的方法代替语言，让人一看就明白。某部电影里有一位著名的科学家，在自家客厅里的墙上贴上了"闲谈不得超过三分钟"的字样，以提醒来客：主人正在争分夺秒地搞科研，请闲聊者自重。看到这张字样,纯属"闲谈"的人,谁还会好意思喋喋不休地说下去呢?

根据实际情况,我们可以贴一些诸如"主人正在自学英语,请客人多加关照"等字样,制造出一种惜时如金的氛围,使爱闲聊者理解和注意。一般来说,字样是写给所有来客看的,并非针对某一位,所以不会令某位来客有多少难堪。

3. 以热代冷

用热情的语言、周到的招待,代替冷若冰霜的表情,使好闲聊者在"非常热情"的主人面前感到今后不好意思多登门。爱闲聊者一到,你就笑脸相迎,沏好香茗一杯,捧出瓜子、糖果、水果,很有可能把他"吓"得下次不敢贸然再来。你要用接待贵宾的高规格,他一般也不敢老是以"贵客"自居。

过分热情的实质无异于冷待,这就是生活辩证法。但以热代冷,既不失礼貌,又能达到"逐客"的目的,效果之佳,不言自明。

4. 以攻代守

用主动出击的姿态堵住好闲聊者登门来访之路。先了解对方一般每天几点到你家,然后你不妨在他来访前的一刻钟先"杀"上他家门去。于是,你由主人变成了客人,他则由客人变成了主人。从而你便掌握了控制交谈时间的主动权,想何时回家,都由你自己安排了。你杀上门去的次数一多,他就会被你给黏在自己家里,原先每晚必上你家的习惯很快会改变。一段时间后,他很可能不再"重蹈覆辙"。以攻代守,先发制人,是一种特殊形式的逐客令。

5. 以疏代堵

闲聊者用如此无聊的嚼舌消磨时间,原因是他们既无大志又无高雅的兴趣爱好。如果改用疏导之法,使他有计划要完成,有感兴趣的事可做,他就无暇光顾你家了。显然,以疏代堵能从根本上解除闲聊者上门干扰之苦。

那么,我们该怎样进行疏导呢?如果他是青年人,你可以激励他:"人生一世,多学点东西总是好的,有真才实学更能过上好生活,我们可以多学习学习,充实充实自己。"如果他是中老年人,你可以根据他的具体条件，诱导他培养某种兴趣爱好，或种花，或读书，或练书法，或跳迪斯科。"老张，你的毛笔字可真有功底，如果再上一层楼，完全可以在全县书法大奖赛中获奖！"这话一定会令他欣喜万分，跃跃欲试。一旦有了兴趣爱好，你请他来做客也不一定能请得到！

第十九章
修炼气场能量，跻身操纵达人

发挥"独立性"魅力，让别人永远依赖你

我们先来看一个著名的故事：

美国石油大亨老洛克菲勒是这样教育孩子的。有一天，他把孩子抱上一张桌子，鼓励他跳下来，孩子以为有爸爸的保护，就放心地往下跳。谁知往下跳的时候，爸爸却走开了。小洛克菲勒摔得很重，在地上大哭起来。这时，老洛克菲勒语重心长地对儿子说："孩子，不要哭了，以后要记住，凡事要靠自己，不要指望别人，有时连爸爸也是靠不住的！从现在就开始学会独立地生活吧！"

洛克菲勒家族中的孩子，从小就不准乱花钱，每一个孩子可支配的少量零花钱也要记账。在学校读书时，一律在学校住宿，大学毕业后，都是自己去找工作。直到他们在社会中锻炼到能经得起风浪以后，上一辈人才把家产逐步交给他们。

正是因为洛克菲勒家族注重培养孩子独立生活的能力，使孩子养成了独立、自强的习惯。所以洛克菲勒家族历经几个世纪，依然繁盛如初。

要知道，依赖别人会产生不少危害。诸如，想办一件事不敢独立去做，总是想跟他人一块儿去做；遇事没有主见，总是等待别人作出决定；不相信自己，不敢讲出自己的见解，怕得不到人们的认可；对领导唯命是从，让干啥就干啥，只求生活平稳、少烦恼，等等。

可反过来想，如果减少对别人的依赖，而让别人依赖你，这是一种制胜的智慧。当人们习惯于依赖你的时候，他们依靠你去获得他们想要的幸福和财富，便会对你毕恭毕敬，彬彬有礼。他们对你的依赖性越大，你的自由空间也就会越大。

至于如何培养自己的独立性，并表现得既不夸张，也不张扬，同样是一种技术。

　　平时，你要树立独立的人格，培养自主的行为习惯。要用坚强的意志来约束自己，无论做什么事，都有意识地不依赖父母或其他的人，同时要客观看待自己，不断开动脑筋，把要做的事的得失利弊考虑清楚，心里就有了处理事情的主心骨，也就能妥善、独立地处理事情了。

　　要注意树立人生的使命感和责任感。一些没有使命感和责任感的人，生活懒散，消极被动，常常跌入依赖的泥坑。而具有使命感和责任感的人，都有一种实现抱负的雄心壮志。他们对自己要求严格，做事认真，不敷衍了事、马虎草率，具有一种主人翁的精神。这种精神是与依赖心理相悖逆的。所以，你要学会选择这种精神，从而树立自我的主体意识。

　　当然，你可以单独地或与不熟悉的人办一些事，或短期外出旅游。这样做的目的，是锻炼独立处事能力。自己单独办一件事，完全不依赖别人，无论办成或办不成，对你都是一种人格的锻炼。与不熟悉的人外出旅游，是由于不熟悉，出于自尊心和虚荣心，你不会依赖他人，事事都得自己筹划，这无形之中就抑制了你的依赖心理，促使你选择自力更生，有利于你独立人格的培养。

　　培养了自己的独立性，无论在生活中、学习中，还是在工作中、创业中，你都可以用自己的独立表现出你的能力，从而让他人需要你、依赖你。

　　但请注意，不要仅仅因此便感到自负，感到满足。饮尽井水的人最终往往离井而去，橘子被榨干汁水后往往由美味变为渣泥。一旦我们可以提供的利益被人们榨尽，而他们也已经发现了新的替代，那么他们将不再对我们有丝毫的依赖心理，我们的处境将变得非常尴尬，甚至危险。经验告诉我们一条最重要的教训是，维持别人对我们的依赖心理，但永远不要完全满足其需求。让自己更加成功、更加充实、更加无法替代，同时，永远不要让别人得到我们的全部。

从思路开始，让别人追随你的思想

很多时候，无论是演讲、宣传，还是竞选、谈判，我们总希望别人能跟着自己的思想走。可是，每个人都有独立的思维，想要改变他人的想法，让对方按照你的思路来思考问题，是何等的不容易！

不过，要解决这个难题，靠强制性命令来实现是不太可能的，而是需要一些有效的心理技巧，来一步步地影响他们。下面有几种方法值得参考。

1. "6+1"法则

在沟通心理学上有一个重要的"6+1"法则，用来说明这样一种现象：一个人在被连续问了6个作肯定回答的问题之后，那么第七个问题他也会习惯性地作肯定回答；而如果前面6个问题都作否定回答，那么第七个问题也会习惯性地作否定回答，这是人脑的思维习惯。利用这个法则，如果你需要引导对方的思路，希望对方顺从你的想法，那么你可以预先设计好6个非常简单、容易让对方点头说"是"的问题，先问这6个问题作为铺垫，最后再问一个最重要和关键的问题，这样对方往往会自然地点头说"是"。

2. 问封闭式问题

封闭式问题是与开放式问题相对的一类问题，这类问题的答案往往是"是"或"不是"，"有"或"没有"，等等，答案只是有限的几个选择。封闭式问题与开放式问题有不一样的作用。封闭式问题可以用来得到你预先设想的答案，例如，你问对方有没有结婚，对方的回答可能是"有"或是"没有"，这两个答案都是你事先可以预见的。你可以事先就想好如果他回答"有"，你如何继续提问；如果他回答的是"没有"，你又该怎么继续提问。预先设计好的一系列的封闭式问题，可以非常有效地引导对方的思路。

3. 提示引导

提示引导是一种语言模式，用来影响对方的潜意识，使对方不知不觉地转移思路。这种语言模式的基本思路是，先用语言描述对方的身心状态，然后用语言引导对方的思考或是生理状态。例如，你可以说"当你开始听我介绍这个房子的时候，你就会觉得，住在这个房间里会很舒服""当你考虑买这辆车的时候，你就会想到，带着你的太太和孩子开这辆车兜风是多么开心的事情"，等等。这些都是提示引导的语言模式，其中，"当……你就会……"是标准的句式，"当"后面是描述对方的身心状态，"你就会"后面是你引导对方进入的状态或思路。

4. 目的架构

目的架构式谈话，是在一开始就与对方明确这次谈话双方共同的目的，这会很快地将对方的思路引向真正有价值、有利于解决问题的地方。例如，两辆车发生追尾事故，车子都有了损坏，两辆车的司机都很气愤，往往一下车就吵架。如果其中一位能使用目的架构，问对方："这位先生，你觉得我们现在最重要的是解决问题呢，还是要吵架呢？"这个问题指出了两名司机重要的不是要吵架，而是要解决问题，然后继续各自的行程。那么双方的争吵可能会立即终止，因为目的架构将对方的思路完全从争吵的状态，引到了解决问题上面来。

知道了这些技巧，我们就没必要再纸上谈兵了。我们不妨在今后的实际生活中应用一下这些巧妙的方法，让对方顺从我们的思路，从而达到我们的目的。

互惠，让他知道这样做对自己也有利

一位心理学教授做过一个小小的实验：

他在一群素不相识的人中随机抽样，给挑选出来的人寄去了圣诞卡片。虽然他也估计会有一些回音，却没有想到大部分收到卡片的人，都给他回了一张，而其实他们都不认识这位教授！

给教授回赠卡片的人，根本就没有想到过打听一下这个陌生的教授到底是谁。他们收到卡片，自动就回赠了一张。也许他们想，可能自己忘了这个教授是谁了，或者这个教授有什么原因才给自己寄卡片。不管怎样，自己不能欠人家的情，给人家回寄一张，总是没有错的。

这个实验虽小，却证明了互惠在心理学中的作用。它是人类社会永恒的法则，是各种交易和交往得以存在的基础，我们应该尽量以相同的方式回报他人为我们所做的一切。

如果一个人帮了我们一次忙，我们也应该帮他一次；如果一个人送了我们一件生日礼物，我们也应该记住他的生日，届时也给他买一件礼品；如果一对夫妇邀请我们参加了一个聚会，我们也一定要记得邀请他们到我们的一个聚会上来。

由于互惠的影响，我们感到自己有义务，在将来回报我们收到的恩惠、礼物、邀请等。中国古代讲究礼尚往来，也是互惠的表现。这似乎是人类行为不成文的规则。

一个人向朋友请教一件事，两个人聚会吃饭，那么账单就理所当然应由请教人的这个人付，因为他是有求于人的一方。如果他不懂这个道理，反而让对方付，就显得很不得体了。

在不是很熟悉的朋友之间，你求别人办事，如果没有及时地回报，那么下一次又求人家，就显得不太自然了。因为人家会怀疑你是否有回报的意识，是否感激他对你的付出。及时地回报，可以表明自己是知恩图报的人，有利于相互之间继续交往。

如果不及时回报，会给你带来一些麻烦。你一直欠着这个情，如果对方突然有一件事反过来求你，而你又觉得不太好办的话，就很难拒绝了。俗话说："受人一饭，听人使唤。"可以说，为了保持一定的自由，你最好不要欠人情债。

当然，在关系很亲密的朋友之间，就不一定要马上回报了，那样反而显得生疏。但也不等于不回报，只是时间可能拖得长一些，或有了机会再回报。

朋友间维持友谊遵循着互惠定律，爱情之间也是如此。其实世上没有绝对无私奉献的爱情，不像歌里和诗里表现的那样。爱情也是讲求互惠互利的，双方需要保持一个利益的平衡。如果平衡被严重打破，就可能导致关系破裂。

人与人之间的互动，就像坐跷跷板一样，要高低交替。一个永远不肯吃亏、不肯让步的人，即使真正得到好处，那也是暂时的，他迟早要被别人讨厌和疏远。

第二十章

洞悉人性的奥秘

对方再谦虚，也不要过分表现自我

在与人交往的过程中，我们总能遇到一些谦虚有礼的人。他们总是客套地说"如有不周之处，还请多多指教""请多提宝贵意见""很多方面还需要向您多多学习"……

事实上，虽然说人要想得到别人的认可，就得善于表现自我，但是表现过分，反而会遭到别人的反感，以至于让你寸步难行。因此，适当地低调一些，适度地隐藏自己的实力是明智之举。

柳萍刚下岗，她好不容易令理发店老板同意把她留下来工作，她觉得应该主动找事做。于是，她每天赶在大家起来之前，就把地拖了，把所有的理发器具也擦得一尘不染。

柳萍没想到的是，自己的"过分表现"引起了别人的不痛快。原先负责搞清洁的女孩，虽然表面跟柳萍客客气气，常说"做得不好的地方还请多多批评"一类谦虚的客套话，背地里却老跟柳萍过不去，总给她打小报告。幸好后来有了个机会，才使两个人消除了误会。柳萍这才意识到自己无意中把别人的工作抢了。

无独有偶，还有一个事例与之类似。

王伟是某政府机关办公室主任，对下属非常和蔼，总喜欢说"有什么意见大家尽管提"。

不过，谈起新人在单位急于表现的话题，他摇头叹气。他举例说，有一年招了一个中文系毕业生，人是很用功，但劲儿总是使不到点子上。

毕业生来上班的第三天，看见王伟桌上有一份领导发言稿，他觉得文章结构不够合理，于是，也没问王伟就自己把稿子拿回去改了。改完以后，还直接把稿子交到了领导手里。

那篇稿子的初稿是王伟写的，已经给领导看过，并根据领导的意思作了修改，文章的结构也是领导惯用的。

开会时，领导读起稿子来很不顺，与自己习惯的风格相去甚远，会后，领导对王伟大发雷霆。

事后，王伟把毕业生叫到办公室，那位毕业生不但不觉得自己做错了事，还辩解说是为领导好，最后导致办公室里大家都有点讨厌他。

无论是刚从校门走进社会的毕业生，还是在跨国公司间跳槽的资深职业经理人，到了一个全新的工作环境，总希望尽快展现自己的才华，以求得到别人的了解与认同。急于显露自己的能力，是很多新人的通病，也是人之常情。

当然，对于刚来的新人，上司对他的工作表现一般都会比较宽容。虽然他们与新人见面时，都会谈及公司的不足，并说些鼓励的话，比如"希望你的到来能为公司注入新的活力"之类。但实际上，他们不会指望新人一进公司就能马上出成绩，反而会通过一些小事来观察新人的为人、品性、工作态度等，据此形成一个基本判断。这个判断会影响上司将来对这位新人的任用。此外，作为上司，他们并不希望新人的到来，一下子打破原有的平衡，就算他们有计划用新人来替代原来的员工，也希望能平稳过渡。

很多刚走出校门的毕业生，都有大干一番事业的豪情壮志，所以到了新单位，干什么事都想冲在前面，希望给别人留一个好印象，尤其是遇到谦虚的上司。实际上，这样高调张扬的表现，反而容易弄巧成拙。

不仅是在职场，日常生活中亦是同理。与他人打交道，就要做一个有心计的人，在刚开始相互接触或接手某些事情的时候，应学会低调，适当地隐藏自己的实力，对方再怎么谦虚，也不应该过分表现自己。只有这样，才能登上成功的宝座，而且坐得稳。

你可以保守他的秘密，但莫让他保守你的秘密

有秘密，别人才觉得你神秘；有秘密，别人才觉得你有背景。

在人际交往中，许多人，尤其是年轻人，常常把自己的秘密毫无保留地袒露出来。有时如果没把自己的心事完完全全地告诉问及的人，心中就会不安，认为自己没有以诚待人，感到对不起人家；认为别人对自己很好或很重要，不告诉人家自己的秘密是错的。很显然，这些人在如何对待自己的秘密和如何对待坦诚这些问题上，所谓的"知无不言，言无不尽"是一种错误的认识。

在生活中，人与人之间需要交流，需要友情，但谁都不愿意与一个从不袒露自己的内心世界、对任何问题都不明确表态的高深莫测的人交往。然而，对于坦诚有一个正确的理解是十分必要的。所谓坦诚，并不意味着别人要把内心世界的一切都暴露给你，也不意味着你要把内心世界的一切都暴露给别人。每个人都有秘密，这是正常的，也是必要的。

例如，一次约翰把自己的重大秘密告诉了乔治，同时再三叮嘱："这件事只告诉你一个人，千万别对别人说。"然而一转脸，乔治便把约翰的秘密添枝加叶地告诉了别人，让约翰在众人面前很难堪。这种背信弃义有时出于恶意，有时却是无意的。

当然了，能否保守秘密也与个人的品质修养有关。有的人透明度太高，这种人不但不能为别人保守秘密，就连自己的秘密也保守不住。有的人泄露别人的秘密，不是为了伤害别人，而是为了抬高自己，"咱们单位的事，没有我不知道的""我要是想知道某件事，我就一定能了解出来"……这种人常这样炫耀自己，他们认为，知道别人的秘密越多，自己的身价就越高。用泄露别人秘密的方法伤害别人、娱乐自己，甚至把掌握的秘密当作要挟别人的把柄，当作自己晋升的阶梯，这种人在现实中也大有人在，对这种人最应该提高警惕。

　　回到前面的例子，像约翰那样让他人为自己保守秘密，远比只让自己保守自己的秘密难得多。因此，不是万不得已的时候，不要让他人分享自己的秘密，要学会自己的秘密自己保守。因为，你的秘密一旦落入别有用心的人的耳中，它就会成为关键时刻别人攻击你的武器，使你在竞争中处于被动的局面，甚至因此而失利。

　　许军是某公司的业务员，在厦门工作已经有3年时间了，他因为工作认真、勤于思考、业绩良好，被公司确定为中层后备干部候选人。总经理找他谈话时，他表示一定加倍努力，不辜负领导的厚望。结果，只因他无意间透露了一个属于自己的秘密，而被竞争对手击败，遭到排挤，最终没被重用。

　　许军和同事王广林私交甚好，常在一起喝酒聊天。一个周末，他备了一些酒菜，约了王广林在宿舍里共饮。两人酒越喝越多，话越说越多。微醉的许军向王广林说了一件他对任何人都没有说过的事。

　　"我高中毕业后没考上大学，有一段时间闲着没事干，心情特别不好。有一次和几个哥们儿喝了些酒，回家时看见路边停着一辆摩托车，一见四周无人，一个朋友便撬开锁，让我把车给开走了。后来，那位朋友盗窃时被逮住，送到了派出所，供出了我，结果我被判了刑。刑满后我四处找工作，处处没人要。没办法，经朋友介绍我才来到厦门。不管咋说，现在咱得珍惜，得给公司好好干。"

　　谁知道，没过两天，公司人事部突然宣布王广林为业务部副经理，许军调出业务部，另行安排工作岗位。

　　事后，许军才从人事部了解到，是王广林从中捣的鬼。原来，在候选人名单确定后，王广林便来到总经理办公室，向总经理谈了许军曾被判刑坐牢的事。不难想象，一个曾经犯过法的人，老板怎么会重用呢？尽管他现在表现得不错，可历史上那个污点是怎么也擦洗不干净的。

　　知道真相后，许军又气又恨又无奈，只得接受调遣，去了别的不怎么重要的部门上班。

　　德国作家让·保·里克特曾说："如果一个人泄露了秘密，哪怕一丝一毫，以后就再也得不到安宁了。"如果还想过宁静的生活，如果不想成为别人眼中的透明人，那就别把心里的话全说出来，把该保守的秘密坚定地保守下去。

每个人都有自己的秘密，都有一些压在心里不愿为人知的事情。这些隐私就是一个人的底线。别人不知道你的底线在哪里，也就无从伤害你。如果将其过多地暴露在别人的面前，即使是原本没有不良记录之人，也难免会在利益的诱惑下，作出常规外的伤害之举。

既然秘密是自己的，那么无论如何也不能对别人讲。在保护一份神秘感的同时，能保护自己不因"祸从口出"而受害。

得理时要让人三分

中国有句老话："被逼入墙角的兔子也会咬人。"试想，天性温驯的兔子都如此，更何况人呢？著名的哲学家、教育家苏格拉底曾经说过："一颗完全理智的心，就像是一把锋利的刀，会割伤使用它的人。"在这个世界上，没有完全绝对的事情，就像一枚硬币一样具有它的两面性。这就告诫我们，做人做事都不要太绝对，要给自己和他人留有余地。

在一个春天的早晨，房太太发现有3个人在后院里东张西望，她便毫不犹豫地拨通了报警电话，就在小偷被押上警车的一瞬间，房太太发现他们都还是孩子，最小的仅有14岁！他们本应该被判半年监禁，房太太认为不该将他们关进监狱，便向法官求情："法官大人，我请求您，让他们为我劳动半年，作为对他们的惩罚吧。"

经过房太太的再三请求，法官最后终于答应了她。房太太把3个孩子领到了自己家里，像对待自己的孩子一样热情地对待他们，和他们一起劳动，一起生活，还给他们讲做人的道理。半年后，3个孩子不仅学会了各种技能，而且个个身强体壮，他们已不愿离开房太太了。房太太说："你们应该有更大的作为，而不是待在这儿。记住，孩子们，任何时候都要靠自己的智慧和双手吃饭。"

许多年后，3个孩子中一个成了一家工厂的主人，一个成了一家大公司的主管，另一个则成了大学教授。每年的春天，他们都会从不同的地方赶来，与房太太相聚在一起。

房太太就是"得理让三分"的典范。

"人活一口气，佛争一炷香。"这是一个人在被人排挤，或者被人欺侮时，经常说的一句急欲"争气"的话。

其实也未必如此，就像清代名人张英说的那样："万里长城今犹在，不见当年秦始皇。""千里捎书只为墙"，却不如"得饶人处且饶人，让他三尺又何妨"。这方面，不管是古人还是今人，有好多值得我们学习的地方。

"得理不让人，无理搅三分。"这是普通人常犯的毛病。其实，世界上的理怎么可能都让某一个人占尽了？所谓"有理""得理"，在很多情况下也只是相对而言的。凡事皆有一个度，过了这个度就会走向反面，"得理不让人"就有可能变主动为被动。反过来说，如果能得理且让人，就更能体现出一个人的气量与水平。给对手或敌人一个台阶下，往往能赢得对方的真心尊重。

古希腊寓言家伊索曾说过："不要瞧不起任何人，因为谁也不是懦弱到连自己受了侮辱也不能报复的。"懦弱的人通常会忍受许多不必要的委屈，他们的内心或极为凶恶，或极为宽阔，无论何者，他们仍然拥有回击的能力，万不可等闲视之。

一个人不仅要自己胸怀宽广，度量恢宏，更要注意别人的自尊。一个人如果损失了金钱，还可以再赚回来；一旦自尊心受到伤害，就不是那么容易弥补了，甚至可能为自己树起一个敌人。"得理且让人"就是要照顾他人的自尊，避免因伤害别人的自尊而为自己树敌。